·视频讲解·

U0160811

数控编程与操作

从入门到精通

黄 芸 李海翔◎主编

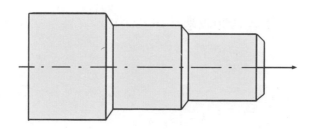

中国商业出版社

图书在版编目（CIP）数据

数控编程与操作从入门到精通 / 黄芸，李海翔主编
. -- 北京：中国商业出版社，2022.1
（零基础学技能从入门到精通丛书）
ISBN 978-7-5208-1895-7

Ⅰ.①数… Ⅱ.①黄… ②李… Ⅲ.①数控机床－程
序设计－教材②数控机床－操作－教材 Ⅳ.
①TG659.022

中国版本图书馆CIP数据核字(2021)第229821号

责任编辑：管明林

中国商业出版社出版发行

（www.zgsycb.com 100053 北京广安门内报国寺1号）

总编室：010-63180647 编辑室：010-83114579

发行部：010-83120835/8286

新华书店经销

三河市冀华印务有限公司印刷

*

710毫米×1000毫米 16开 13印张 308千字

2022年1月第1版 2022年1月第1次印刷

定价：88.00元

* * * *

（如有印装质量问题可更换）

前言

　　近年来，随着中国从"制造大国"向"制造强国"的转变，国民经济重点行业核心制造领域对数控机床的产品需求结构和水平发生了交大变化，与此同时，数控编程与操作作为数控加工中的一项重要工作，其从业人员的需求也不断增加，为了使广大数控编程与操作人员能更全面地、系统地掌握有关数控编程与操作知识，为此，我们组织编写了《数控编程与操作从入门到精通》一书。

　　本书采用全彩色图解的形式，依据《国家职业技能标准》中、高级数控车工和高级数控铣工／加工中心技能鉴定知识要求和技能要求，按照岗位培训需要的原则进行编写。本书内容包括：数控机床的基础知识、数控机床编程基础、数控车床编程与操作、数控铣床和加工中心编程与操作、Matercam X7 自动编程简介、数控机床的维护与故障诊断。与同类出版物相比，本书具有以下特色：

　　1.遴选优质作者，精心策划，面向入门级读者，融汇广数机床编程与操作，努力打造广数机床的全面学习教程。

　　2.面向数控编程与操作，内容系统全面。以广数系统为蓝本，详细讲解车、铣和加工中心基本操作，加工工艺，基本编程指令，宏程序，以及典型形面编程实例，满足初学者从入门到精通的需求。

　　3.构建全貌突出细节，重在提炼和精讲。对于加工工艺、基本指令、典型实例，均进行精析精讲，绝不浅尝辄止，不回避细节，对每条指令均进行注释，注重学习实效。

　　本书结合企业实际，反映岗位需求，突出新知识、新技术、新工艺、新方法，注重职业能力培养。本书可用作企业培训部门、各级职业技能鉴定培训机构的考前培训教材，又可作为读者技能鉴定考前复习用书，还可作为职业技术院校、技工学校的专业课教材。

本书由五彩绳科技研究室组织编写，特邀请长期在企业生产和教学工作第一线、具有丰富实践经验的教师和工程技术人员编写，其中主编为安徽滁州技师学院黄芸老师和重庆工商职业学院学院李海翔老师。

由于编者水平有限，书中难免存在疏漏乃至错误，衷心希望广大读者不吝赐教，批评指正。

编　者

目录

第一章 数控机床基础知识

第一节 数控机床基础知识

一、数控机床的产生和发展 …………………………… 001
二、数控机床的工作原理和组成 …………………… 002
三、数控机床的特点 ………………………………… 003
四、数控机床的应用范围 …………………………… 004
五、数控机床的分类 ………………………………… 005

第二节 数控机床坐标系的确定

一、数控机床的坐标系 ……………………………… 009
二、附加坐标系 ……………………………………… 012
三、机床原点和机床参考点 ………………………… 012
四、工件坐标系与工件坐标系原点 ………………… 013

第三节 数控加工常用刀具

一、数控机床对刀具的要求 ………………………… 014
二、数控加工刀具材料的类型与选择 ……………… 014

第四节 安全文明生产

一、数控机床的日常维护 …………………………… 018
二、安全生产规则 …………………………………… 018

第二章 数控加工工艺基础

第一节 数控加工工艺设计概述

一、数控加工工艺设计的主要内容 ………………… 019
二、数控加工工艺的设计 …………………………… 019

第二节 数控加工工艺制订

一、工序及工艺过程 ·· 022
二、加工工艺规程 ··· 024

第三章 数控车削加工编程

第一节 台阶轴零件的工艺分析与编程

一、插补的基本知识 ·· 028
二、数控车床加工轴类零件的装夹要求 ················ 028
三、加工顺序的确定 ·· 030
四、走刀路线的确定 ·· 030
五、数控车床工件坐标系 ···································· 032
六、数控程序的编制方法 ···································· 032
七、数控程序的结构及格式 ································· 033
八、FANUC 0i 常用的准备功能 G 指令、辅助功能 M 代码
   一览表 ·· 034
九、主轴转速功能（S）、进给速速（F）、刀具
   功能（T） ·· 037
十、切削用量的选择 ·· 038
十一、基本编程指令 ·· 039
十二、编程特点 ··· 041

第二节 圆弧面轴零件的工艺分析与编程

一、含圆弧面零件的车削加工工艺 ······················ 047
二、圆弧常用加工方法 ······································· 047
三、编程指令 ·· 048

第三节 锥面阶梯轴零件的工艺分析与编程

一、锥面阶梯轴零件的车削加工刀具知识 ············· 057
二、编程指令 ·· 059

第四节 螺纹轴零件的工艺分析与编程

一、切槽 / 切断方法 ·· 074

二、槽的加工指令 ⋯⋯⋯⋯⋯⋯⋯⋯⋯⋯⋯ 075

三、螺纹车削的加工工艺 ⋯⋯⋯⋯⋯⋯⋯ 078

四、编程指令 ⋯⋯⋯⋯⋯⋯⋯⋯⋯⋯⋯⋯⋯ 083

第五节 盘套类零件的工艺分析与编程

一、盘套类零件的结构特点 ⋯⋯⋯⋯⋯⋯ 093

二、加工刀具 ⋯⋯⋯⋯⋯⋯⋯⋯⋯⋯⋯⋯⋯ 094

三、盘套类零件制造工艺特点 ⋯⋯⋯⋯⋯ 096

四、编程指令 ⋯⋯⋯⋯⋯⋯⋯⋯⋯⋯⋯⋯⋯ 098

第六节 曲面轴零件的工艺分析与编程

一、宏程序基础知识 ⋯⋯⋯⋯⋯⋯⋯⋯⋯ 104

二、子程序 ⋯⋯⋯⋯⋯⋯⋯⋯⋯⋯⋯⋯⋯ 108

第七节 数控车削加工仿真

第四章 数控铣削加工编程

第一节 数控铣床与加工中心加工工艺分析

一、数控铣床加工的内容和工艺特点 ⋯⋯⋯⋯ 124

二、加工中心的内容和工艺特点 ⋯⋯⋯⋯⋯⋯ 125

三、数控铣削工艺分析 ⋯⋯⋯⋯⋯⋯⋯⋯⋯⋯ 127

四、数控铣削加工工艺制定 ⋯⋯⋯⋯⋯⋯⋯⋯ 131

五、数控铣削的特点及对刀具的要求 ⋯⋯⋯⋯ 133

六、切削用量的选择 ⋯⋯⋯⋯⋯⋯⋯⋯⋯⋯⋯ 134

七、常用的夹紧方法 ⋯⋯⋯⋯⋯⋯⋯⋯⋯⋯⋯ 136

第二节 凸台零件的工艺分析与编程

一、加工工艺 ⋯⋯⋯⋯⋯⋯⋯⋯⋯⋯⋯⋯⋯ 140

二、编程基础 ⋯⋯⋯⋯⋯⋯⋯⋯⋯⋯⋯⋯⋯ 145

第三节 型腔零件的工艺分析与编程

一、加工工艺 ⋯⋯⋯⋯⋯⋯⋯⋯⋯⋯⋯⋯⋯ 155

二、编程基础 ⋯⋯⋯⋯⋯⋯⋯⋯⋯⋯⋯⋯⋯ 156

第四节　孔类零件的工艺分析与编程

一、孔系加工工艺 ·· 162
二、编程基础 ·· 165

第五节　数控铣削加工仿真

一、仿真软件中安装夹具 ······································· 178
二、放置零件 ·· 179
三、调整零件位置 ·· 179
四、使用压板 ·· 179
五、选择刀具 ·· 180
六、视图变换的选择 ··· 181
七、控制面板切换 ·· 181
八、"选项"对话框 ··· 182
九、FANUC 0i 数控系统仿真面板操作 ···················· 182
十、机床准备 ·· 183
十一、对刀 ·· 184
参考文献 ··· 200

第一章　数控机床基础知识

第一节　数控机床基础知识

一、数控机床的产生和发展

数控是数字控制（Numerical Control，NC）的简称，在机床领域是指用数字化信号对机床运动及其加工过程进行控制，其含义是用以数值和符号构成的数字信息自动控制机床的运转。数控技术是综合应用计算机、自动控制、自动检测及精密机械等高新技术的产物，它已开始在各个领域普及，并且它所带来的巨大效益已引起了世界各国科技与工业界的普遍重视。20 世纪 40 年代以来，汽车、飞机和导弹制造工业发展迅速，原来的加工设备已无法承担加工航空工业需要的复杂型面零件。数控技术是为了解决复杂型面零件加工的自动化而产生的。1948 年，美国帕森斯（Parsons）公司在研制加工直升机叶片轮廓检验用样板的机床时，首先提出了应用电子计算机控制机床加工样板曲线的设想。1949 年在美国空军的支持下，帕森斯公司与麻省理工学院（MIT）伺服机构实验室合作，开始了数控机床的研制工作。1952 年试制成功第一台数控机床试验样机。1959 年美国克耐·杜列克公司首次成功开发了带有自动换刀装置和刀库的加工中心（machining center）。

从第一台数控机床问世到 21 世纪的今天，数控技术的发展非常迅速。数控技术不仅在机床上得到实际应用，而且推广到焊接机、火焰切割机等方面。数控技术在航空工业、汽车、造船、机床、建筑等领域都有着广泛的应用。

数控机床是数字控制机床的简称，是采用数字控制技术，以数字量作为指令信息，通过专用的或通用的电子计算机控制的机床，是一种装有程序控制的自动化机床。该控制系统能够逻辑地处理具有控制编码或其他符号指令规定的程序，并将其译码，从而控制机床动作使之加工出合格的零件。

自 1952 年美国研制成功第一台数控机床以来，随着电子、计算机、自动控制和精密测量等技术的发展，数控机床也在迅速地发展和不断地更新换代，先后经历了六个发展阶段。

第一阶段：1952—1958 年，开始采用电子管元件构成的专用数控装置。

第二阶段：1959—1964 年，开始采用晶体管电路的 NC 系统。

第三阶段：1965—1969 年，开始采用小、中规模集成电路的 NC 系统。

第四阶段：1970—1973 年，开始采用大规模集成电路的小型通用电子计算机控制系统（Computer numerical control，CNC）。

第五阶段：1974—1990年，采用微型计算机控制系统（Microcomputer numerical control，MNC）。

第六阶段：1990年至今，PC机发展到很高的阶段，可满足作为数控系统核心部件的要求，数控系统从此进入基于PC机（PC-BASED）的时代。

二、数控机床的工作原理和组成

数控机床与普通机床比较，其工作原理的区别在于数控机床是按数字指令控制机床来进行切削加工的。采用普通机床加工时，启动、停机、走刀、换向、主轴变速和开关切削液等操作都是由操作人员直接按压按钮或搬动手柄来实现。数控机床加工零件，首先要将被加工零件的图样及工艺信息数字化，用规定的代码和程序格式编写加工程序，然后将所编写程序指令输入到数控机床的数控装置中。数控装置将程序代码进行译码、运算后，向机床各个坐标的伺服机构和辅助控制装置发出信号，驱动机床各运动部件控制所需要的运动，加工出合格的零件。当加工对象改变时，只需要重新编写数控加工程序并输入机床数控系统，即可由数控装置控制加工的全过程，制造出复杂的零件。

数控机床的工作原理如图1-1-1所示。

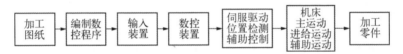

图 1-1-1　数控机床的工作原理

数控机床主要由输入输出设备、计算机数控装置、伺服驱动系统、测量反馈装置、机床本体、辅助装置等部分组成，如图1-1-2所示。

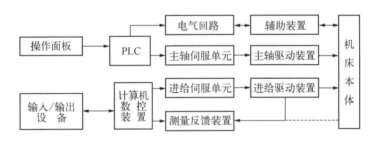

图 1-1-2　数控机床的组成

1. 输入输出装置

输入输出装置主要用于零件程序的编译、存储、打印和显示等。简单的输入输出装置只包括键盘和显示器。一般的输入输出装置除了人机对话编程键盘和CRT（cathode ray tube）外，还包括纸带、磁盘或磁盘输入机、穿孔机等。高级的输入输出装置还包括自动编程机或CAD/CAM系统。

2. 计算机数控装置

计算机数控装置（CNC装置）是数控设备的核心，由信息的输入、处理和输出三部分组成，包括CPU、存储器、总线、控制运算器等。数控装置从内部存储器中取出或接受输入装置送来的一段或几段数控程序，经过数控装置的逻辑电路或系统软件进行编译、运算和逻辑处理后，输出各种控制信息和指令，控制机床各部分的工作，使其进行规定的有序运动和动作。零件的轮廓图形往往由直线、圆弧或其他非圆弧曲线组成，刀具在加工过程中必须按零件形状和尺寸的要求进行运动，即按图形轨迹移动。但输入的零件加工程序只能是各线段轨迹的起点和终点坐标值等数据，不能满足要求，因此要进行轨迹插补，也就是在线段的起点和终点坐标值之间进行"数据点的密化"，求出一系列中间点的坐标值，并向相应坐标输出脉冲信号，控制各坐标轴（即进给运动的各执行元件）的进给速度、进给方向和进给位移量等。计算机数控装置还能够实现故障自诊断、联网和通信功能。

3. 伺服驱动系统

伺服驱动系统是数控系统的执行部分，它接受数控装置的指令信息，经功率放大后，严格按照指令信息的要求驱动机床的运动部件，完成指令规定的运动，加工出合格的零件。一般来说，数控机床的伺服驱动系统，要有较好的快速响应性能和高的伺服精度。

4. 测量反馈装置

测量反馈装置的作用是将数控机床各坐标轴的位移指令检测值反馈到机床的数控装置中，数控装置对反馈回来的实际位移值与设定值进行比较后，向伺服系统发出指令，纠正所产生的误差。

5. 机床主体

机床主体是数控机床的机械主体，是实现制造加工的执行部件，由主运动部件、进给运动部件（工作台、拖板及相应的传动机构）、支承件（立柱、床身等）、特殊装置（刀具自动交换系统、工件自动交换系统）组成。机床本体要求具有较高的刚度、抗震性强、热变形小、机械传动机构简单和传动链短等特点。

6. 辅助装置

辅助装置的作用是接收数控装置输出的主运动换向、变速、启停、刀具的选择和交换，以及其他辅助装置等指令信号，经过必要的编译、逻辑判别和运算，经功率放大后，直接驱动相应电机带动机床机械部件、液压气动等辅助装置完成指令规定的动作。现在由于可编程逻辑控制器（PLC）具有响应快、性能可靠、易于使用、编程和修改，并可直接驱动机床电机的特点，已被广泛作为数控机床的辅助控制装置。

三、数控机床的特点

数控机床与普通机床相比有如下特点：

1. 加工精度高，加工质量稳定

数控机床本身的精度都比较高，在整体设计中考虑整机刚度和零件的制造精度，又采用高精度的滚珠丝杠传动副，机床的定位精度和重复定位精度都很高。机床的定位精度一般达到了 ± 0.01 mm，重复定位精度为 ± 0.005 mm。特别是数控机床加工是按照程序指令自动进行的，加工过程中不需要操作人员干预，消除了操作者人为产生的误差，使同一批工件的尺寸一致性好，加工质量非常稳定。

2. 可以加工有复杂型面的工件

数控机床的刀具运动轨迹是由加工程序决定的，因此无论多么复杂的型面，只要能编制出加工程序，都能加工出来。如用数控车床可加工复杂的回转表面，采用五轴联动的数控机床能加工螺旋桨的复杂空间曲面。

3. 生产效率高

工件加工所需的时间主要包括机动时间和辅助时间两部分。数控机床能有效地减少这两部分的时间。数控机床主轴的转速和进给量的变化范围比普通机床大，使其能选用最有利的切削用量。由于数控机床的结构刚性好，能使用大切削用量的强力切削，提高了数控机床的切削效率，节省了机动时间。数控机床的移动部件空行程运动速度快，工件装夹时间短，辅助时间比一般机床少。数控机床更换工件时，不需要调整机床。同一批工件加工质量稳定，不需要停机检验，使其辅助时间大大缩短。在加工中心上加工工件时，一台机床能实现多道工序的连续加工，明显地提高了生产效率。

4. 自动化程度高，劳动强度低

数控机床对工件的加工是按照事先编好的程序自动完成的，工件加工过程中不需要过多人工进行的操作可实现一人多机操作，加工完毕后自动停车，使操作者的劳动强度与紧张度大为减轻。加上数控机床一般都具有较好的安全防护、自动排屑、自动冷却和自动润滑装置，机床操作人员的劳动条件有很大改善。

5. 良好的经济效益明显

数控机床的价格一般是普通机床的若干倍，机床配件的价格也很高，分摊到每个工件上的设备费用就比较高。但是用数控机床加工工件可以节省许多其他费用。用数控机床加工工件可以节省画线工时，减少调整、加工和检验时间，节省了直接生产的生产费用。数控机床加工不需要设计制造专门的工装夹具，节省了工艺装备费用。数控机床加工精度稳定，废品率低，使其生产成本下降，并且数控机床可以一机多用，节省了厂房面积，减少了建厂投资。因此，使用数控机床加工可以获得良好的经济效益。

6. 有利于生产管理的现代化

数控机床加工工件，能精确地计算零件加工工件和费用，可以较准确地计算成本和安排生产进度，能有效地简化检验工装夹具、半成品的管理工作，有利于生产管理现代化。

7. 对机床操作维修人员的要求较高

数控机床采用计算机控制，伺服系统技术非常复杂，机床精度要求很高，从而对机床操作人员、维修人员和管理人员都要较高的技能要求。数控机床是根据数控程序进行加工的，数控程序的编制不仅关系到数控机床功能的开发和使用，还直接影响数控机床的加工精度。因此，数控机床的操作人员除了要具有一定的数控加工工艺知识外，还应对数控机床的结构特点、工作原理和数控程序的编制进行专门的技术理论培训和操作训练。正确的维护和有效的维修是提高数控机床效率的基本保证，数控机床的维修人员应有较好的数控理论知识和维修技能。

四、数控机床的应用范围

1. 最适合数控加工的零件

① 批量小而又多次生产的零件。
② 几何形状复杂的零件。
③ 在加工过程中必须进行多种加工的零件。
④ 必须严格控制尺寸公差的零件。
⑤ 工艺设计会变化的零件。

⑥需要全部检验的零件。

2. 较适合数控加工的零件

①价格昂贵，毛坯获得困难，不允许报废的零件。

②切削余量大的零件。

③在通用机床上加工生产率低，劳动强度大，质量难控制的零件。

④用于改型比较、供性能或功能测试的零件。

⑤多品种、多规格、单件小批量生产的零件。

3. 不适合于数控加工的零件

①利用毛坯作为粗基准定位进行加工的零件。

②定位完全需要人工找正的零件。

③必须用特殊的工艺装备，依据样板、样件加工的零件。

④大批量生产的零件。

五、数控机床的分类

随着数控技术的不断发展，形成了数控机床多品种、多规格的局面，对数控机床的分类常采用不同的方法。

1. 按加工工艺方法分类

（1）金属切削类数控机床

随着数控技术的发展，采用数控系统的机床品种越来越多，与传统的车、铣、磨、钻齿轮加工等各种切削工艺相对应的数控机床有数控车床、数控铣床、数控磨床、数控钻床、数控齿轮加工机床等。尽管这些数控机床在加工工艺方法上存在很大差别，具体的控制方式也各不相同，但机床的工作和运动都是数字化控制的，具有较高的生产效率和自动化程度。

在普通数控车床的基础上加工一个刀库就成为数控车削中心机床，在普通的数控铣床上加装一个刀库和换刀装置就称为数控加工中心机床。数控加工中心机床和数控车削中心机床进一步提高了普通数控机床的自动化程度和生产效率，工件装夹一次完成多道工序的加工。例如铣、镗、钻加工中心，它是在数控铣床基础上增加了一个大容量的刀库和自动换刀装置形成的，工件一次装夹完成后，可以对箱体零件的四面甚至五面大部分加工工序进行铣削、钻孔、镗孔、扩孔、铰孔以及攻螺纹等多道工序的加工，特别适合箱体类零件的加工。加工中心机床可以有效地避免由于工件多次安装造成的定位误差，减少了机床的台数和占地面积，缩短了辅助时间，大大提高了生产效率和加工质量。

（2）特种加工类数控机床

除了利用机械能切削加工数控机床外，数控技术还应用在利用其他能量进行切削加工的机床上。如数控电火花线切割机床、数控电火花成型机床、数控等离子弧切割机床、数控火焰切割机床以及数控激光加工机床等。

（3）金属成型类数控机床

金属成型类数控机床是指采用冲、压、拉、挤等成型工艺的数控机床，常见的金属成型类数控机床有数控压力机、数控剪板机、数控弯折机等。

（4）测量、绘图类数控机床

金属成型类数控机床主要有数控对刀仪、数控多坐标测量仪、数控绘图仪等。

2. 按控制运动轨迹分类

（1）点位控制数控机床

点位控制数控机床的特点是机床移动部件只能实现由一个位置到另一个位置的精确定位，在移动和定位过程中不进行任何加工。机床数控系统只控制行程终点的坐标值，不控制点与点之间的运动轨迹，因此几个坐标轴之间的运动无任何联系。可以几个坐标同时向目标点运动，也可以各个坐标单独依次运动。这类数控机床主要有数控坐标镗床、数控钻床、数控冲床、数控点焊机等。点位控制数控机床的数控装置称为点位数控装置。点位控制数控机床的加工轨迹如图 1-1-3 所示。

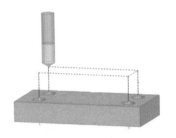 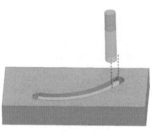 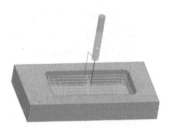

图 1-1-3 点位控制
数控机床的加工轨迹

图 1-1-4 点位直线控
制数控机床的加工轨迹

图 1-1- 5 轮廓控制
数控机床的加工轨迹

（2）点位直线控制数控机床

点位直线控制数控机床除了具有控制点和点之间的准确定位功能，还要保证两点之间按直线运动进行切削加工，刀具相对于工件移动的轨迹是平行于机床各坐标轴的直线或两轴同时移动构成 45° 的斜线。

点位直线控制的数控机床主要有简易的数控车床、数控铣床和数控磨床等。简易数控车床只有两个坐标轴，可以加工阶梯轴。直线控制的数控铣床有三个坐标轴，可以进行平面的铣削加工。这种机床的数控系统也称为直线控制数控系统。点位直线控制数控机床的加工轨迹如图 1-1-4 所示。

（3）轮廓控制数控机床

轮廓控制数控机床也称连续控制数控机床。其控制特点是能够对两个或两个以上的坐标轴同时进行连续关联的控制，机床运动部件不仅能精确控制起点与终点坐标位置，而且能精确控制整个加工运动轨迹（控制每一点的速度和位移量）以满足零件轮廓表面的加工要求，能够加工形状复杂的零件。轮廓控制数控机床的加工轨迹如图 115 所示。

轮廓控制机床能加工圆弧、抛物线及其他函数关系的曲线或曲面等形状复杂的零件。常见的轮廓控制数控机床有数控车床、数控铣床、各类加工中心及数控磨床等。

3. 按联动轴数分类

（1）二轴联动

能同时控制两个坐标轴，如数控车床适于加工旋转曲面或数控铣床铣削平面轮廓。

（2）二轴半联动

主要用于三轴以上的机床的控制，其中两根轴可以联动，而另外一根轴可以做周期性的点位或直线控制，从而实现三个坐标轴 X、Y、Z 内的二维控制。如两轴半联动加工可用于实现数控铣床中平面轮廓的分层加工。在 XY 的基础上增加了 Z 轴的移动，当机床坐标系的 X、Y 轴固定时，Z 轴可以作周期性进给。

（3）三轴联动

数控机床能同时控制三个坐标轴的联动，一般分为两类：一类是同时控制 X、Y、Z 三个直线坐标轴联动，比较多的用于数控铣床、加工中心等，用球头铣刀铣削三维空间曲面；另一类是除了同时控制 X、Y、Z 中两个直线坐标外，还同时控制围绕其中某一直线坐标轴旋转的旋转坐标轴，如车削中心，它除了控制纵向（Z 轴）、横向（X 轴）两个直线坐标轴联动外，还需同时控制围绕 Z 轴旋转的主轴（C 轴）联动。一般曲面的加工、型腔模具均可以用三轴联动加工完成。

（4）多坐标联动

数控机床能同时控制四个以上坐标轴的联动。多坐标数控机床的结构复杂，精度要求高、程序编制复杂，适于加工形状复杂的零件，如叶轮叶片类零件。

4. 按进给伺服系统控制方式分类

（1）开环控制数控机床

开环控制数控机床的数控系统不带位置反馈装置，部件的移动速度和位移量由输入脉冲的频率和脉冲数决定，工作比较稳定、反应迅速、调试方便、维修简单。开环控制数控机床的信息流是单向的，即指令脉冲发出后，实际移动值不再反馈回来，系统对移动部件的误差没有补偿和校正。步进电机的失步、步距角误差、齿轮与丝杠等传动误差都将影响被加工零件的精度，加工精度低。开环控制系统由于没有检测装置，也就没有纠正偏差的能力，因此它的控制精度较低。但由于其结构简单，调试方便，维修容易，造价低等优点，一般适用于加工精度要求不高的中小型数控机床、经济型数控机床和旧机床改造。开环控制数控机床的系统框图如图 1-1-6 所示。

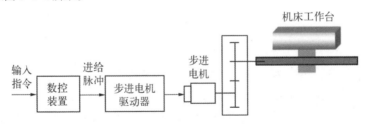

图 1-1-6　开环控制数控机床的系统框图

（2）半闭环控制数控机床

半闭环控制数控机床的控制系统是在伺服电机轴上或传动丝杠上装有角位移电流检测装置，通过检测丝杠的转角间接地检测出运动部件的实际位移，然后反馈到数控装置的比较器与输入的指令进行比较，用差值控制运动部件。机械传动环节的误差，可用补偿的办法消除，加工精度较高。中档数控机床广泛采用半闭环数控系统。半闭环控制数控系统的调试比较方便，并且具有很好的稳定性。由于工作台没有包括在控制回路中，因而称为半闭环数控机床。目前大多将角度检测装置和伺服电动机设计成一体，从而结构更加紧凑。

半闭环控制精度较闭环控制精度低，但稳定性好，成本较低，调试维修也比较容易，兼顾了开环控制和闭环控制两者的特点，因此应用比较普遍。半闭环控制数控机床的系统框图如图 1-1-7 所示。

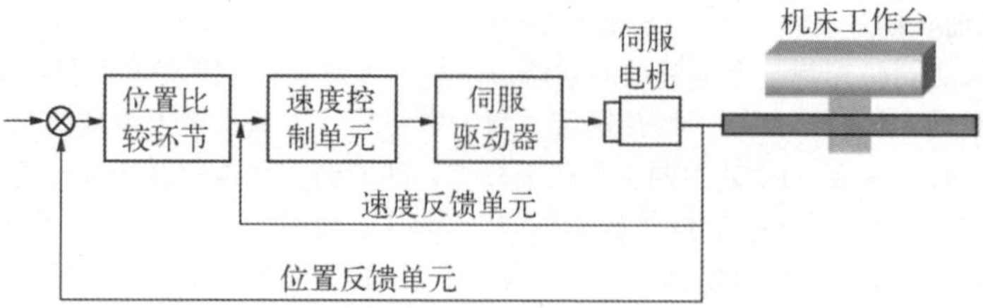

图 1-1-7　半闭环控制数控机床的系统框图

（3）闭环控制数控机床

闭环控制数控机床的特点是装有位置测量反馈装置。加工过程中，安装在工作台上的检测元件将工作台的实际位移量反馈到计算机中，与所要求的位置指令进行比较，用比较的差值进行控制，直到差值消除。可见，闭环控制系统可以消除机械传动的各种误差及工件加工过程中产生干扰的影响，使加工精度大大提高。闭环控制系统的加工精度高，速度快。这类数控机床常采用直流伺服电机或交流伺服电机作为驱动元件，电机的控制电路比较复杂，检测元件价格昂贵，调试维修复杂，成本很高。闭环控制数控机床主要用于一些要求很高的镗铣床、超精车床、超精铣床和大型的精密加工中心等。

闭环控制数控机床的系统框图如图 1-1-8 所示。

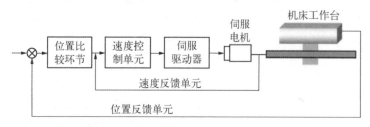

图 1-1-8　闭环控制数控机床的系统框图

（4）混合控制数控机床

为了提高开环控制系统和半闭环控制系统的精度，将以上三类数控机床的特点结合起来，就形成了混合控制数控机床。混合控制数控机床特别适用于大型或重型数控机床，因为大型或重型数控机床需要较高的进给速度和较高的精度，其传动链惯量和力矩大，如果只采用全闭环控制，机床传动链和工作台全部置于控制闭环中，调试比较复杂。混合控制系统又分为开环补偿型和半闭环补偿型两种形式。

5. 按照数控系统的功能水平分类

按数控系统的功能水平来分，有两种方法。一种是把数控机床分为低（经济型）、中、高数控机床。这种分类方法，在我国应用很普遍。目前高、中、低三档的界限还没有一个统一的界定标准，加之不同时期划分的标准也不同，故按照功能水平分类的指标限定仅供参考。低、中、高档数控系统功能水平界定指标如表 1-1-1 所示。

表 1-1-1　低、中、高档数控系统功能水平

功能水平指标	低档	中档	高档
分辨率（μm）	10	1	0.1

续表

功能水平指标	低档	中档	高档
进给速度（m/min）	8 ～ 15	15 ～ 24	24 ～ 100
伺服系统类型	开环、步进电机	半闭环或闭环的直流或交流伺服系统	
联动轴数	2 ～ 3 轴	2 ～ 4 轴	3 ～ 5 轴以上
通信能力	一般无	RS-232C 或 DNC 接口	MAP（制造自动化协议）通信接口，具有联网功能
显示功能	LED 或简单的 CRT	较齐全的 CRT 显示（字符、图形、人机对话、自动诊断等功能的显示）	三维动态图显
内装 PLC 与否	无	有	功能强大的内装 PLC
主 CPU	8 位、16bit	16 位、32 位	32 位以上的多个 CPU

按数控系统功能分类的另一种方法是将数控机床分为经济型（简易）、普及型（全功能）和高档型数控机床。全功能型并不追求过多功能，以实用为准，也称为标准型。经济型数控机床的目的是根据实际机床的使用要求，合理地简化系统，降低价格。在我国，经济型数控机床是指装备了功能简单、价格低、操作使用方便的低档数控系统的机床，主要用于车床、线切割及原有的数控化改造等。

第二节　数控机床坐标系的确定

一、数控机床的坐标系

在数控编程时，为了准确地描述机床的运动，保证工件在数控机床上正确定位，简化程序的编制方法和保证记录数据的互换性，数控机床的坐标系和运动方向均已标准化。ISO 国际标准统一规定了数控机床各坐标系的代码和运动的正负方向。

1. 数控机床坐标轴和运动方向命名的原则（ISO 标准规定）

① 标准的坐标系（机床坐标）是一个右手笛卡儿直角坐标系，它规定了 X、Y、Z 三个直角坐标轴的方向，这个坐标系的各个坐标轴与机床的主要导轨相平行，与安装在机床上并且与按机床的主要导轨找正的工件相关。

右手的大拇指、食指和中指保持相互垂直，大拇指指向的方向为 X 轴的正方向，食指指向的为 Y 轴的正方向，中指指向的为 Z 轴的正方向。如图 1-1-9 所示。根据右手螺旋方法，就能确定 A、B、C 三个旋转坐标的方向。直线坐标：X、Y、Z，旋转坐标：A、B、C。

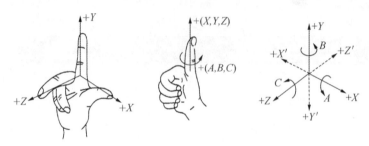

图 1-1-9　右手笛卡儿直角坐标系

② 刀具相对于静止工件运动的原则。有的数控机床是刀具运动，工件固定，有的数控机床是工件运动，刀具固定。为了编程方便，一律规定：假定工件是静止的，刀具是相对于静止工件而运动的。那么根据这一原则，编程人员在编制加工程序时只需要按工件图样编制，而不需要考虑数控机床的实际运动形式。

③ 刀具远离工件的运动方向为坐标的正方向。（GB/T19660—2005《工业自动化系统与集成　机床数字控制　坐标系和运动命名》中规定：机床某一部件运动的正方向，是增大刀具和工件之间距离的方向。）

④ 机床旋转坐标运动的方向是按照右手螺旋方法，确定出 A、B、C 三个旋转坐标的方向。

2. 坐标轴的规定

（1）Z 坐标轴

① 在机床坐标系中，规定传递切削动力的主轴轴线为 Z 坐标轴，Z 坐标的正方向为刀具离开工件的方向。如图 1-1-10 所示为卧式数控车床坐标系，图 1-1-11 所示为立式数控车床坐标系，图 1-1-12 所示为立式数控铣床坐标系，图 1-1-13 所示为卧式数控铣床坐标系。

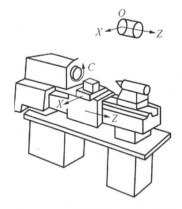

图 1-1-10　卧式数控车床坐标系

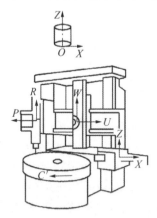

图 1-1-11　立式数控车床坐标系

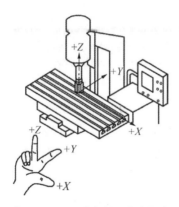

图 1-1-12　立式数控铣床坐标系

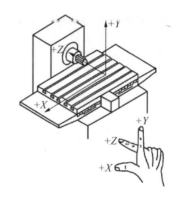

图 1-1-13　卧式数控铣床坐标系

② 对于没有主轴的机床（如数控刨床），则规定 Z 坐标轴垂直于工件装夹面方向。如图 1-1-14 所示为数控刨床坐标系。

③ 如机床上有多个主轴，则选择垂直于工件装夹面的主轴作为主要的主轴，即为 Z 坐标轴。如图 1-1-15 所示为龙门式数控铣床坐标系。

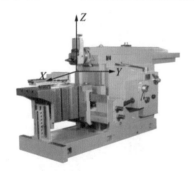

图 1-1-14　数控刨床坐标系

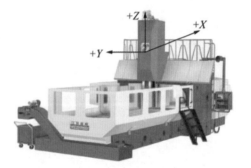

图 1-1-15　龙门式数控铣床坐标系

④ 主轴始终平行于标准坐标系的一个坐标轴，则该坐标轴即为 Z 坐标轴，例如卧式铣床的水平主轴。

（2）X 坐标轴

X 坐标轴一般在水平面内，它平行于工件的装夹平面。对工件旋转的机床，X 坐标轴的方向在工件的径向上，并且平行于横滑座。对刀具旋转的机床，如 Z 坐标轴是水平（卧式）的，当从主要刀具的主轴向工件看时，+X 坐标方向指向右方；如 Z 坐标轴是垂直（立式）的，对单立柱，当从主要刀具的主轴向立柱看时，+X 坐标方向指向右方。对刀具或工件均不旋转的机床（刨床），X 坐标轴平行于主要切削方向，并以该方向为正方向。

（3）Y 坐标轴

Y 坐标轴根据 Z 坐标轴和 X 坐标轴，按照右手笛卡儿直角坐标系确定。

（4）A、B、C 坐标

A、B、C 坐标分别为绕 X、Y、Z 轴回转运动的坐标，在确定了 X、Y、Z 坐标的正方向后，按右手螺旋定则来确定 A、B、C 坐标正方向。

二、附加坐标系

为了编程和加工的方便，有时还要设置附加坐标系，对于直线运动，指定平行于 X、Y、Z 坐标轴的附加坐标系有第二组 U、V、W 坐标和第三组 P、Q、R 坐标。指定除 A、B、C 第一回转坐标轴以外，还有其他的回转运动坐标轴，命名为 D、E 等。

三、机床原点和机床参考点

机床原点又称机械原点，它是在机床上设置的一个固定点。其在机床装配、调试时就已确定下来，是数控机床进行加工运动的基准参考点。机床原点，是机床制造商设置在机床上的一个物理位置，其作用是使机床与控制系统同步，建立测量机床运动坐标的起始点，通常不允许用户改变，它是机床参考点、工件坐标系的基准点，也是制造和调整机床的基础。

机床参考点是用于对机床运动进行检测和控制的固定位置点。机床参考点的位置是由机床制造厂家在每个进给轴上用限位开关精确调整好的，其坐标值已输入数控系统中，机床参考点对机床原点的坐标是一个已知数。数控机床开机时，必须先确定机床原点，而确定机床原点的运动就是刀架返回参考点的操作（又称回零操作），这样通过确认参考点，就确定了机床原点。只有机床参考点被确认后，刀具（或工作台）移动才有基准。

1. 数控车床的机床原点和机床参考点

在数控车床上，机床原点一般取在卡盘端面与主轴中心线的交点处。同时，通过设置参数的方法，也可将机床原点设定在 X、Z 坐标的正方向极限位置上。一般在数控车床上机床参考点是离机床原点最远的极限点。如图 1-1-16 所示为数控车床的机床原点和机床参考点。

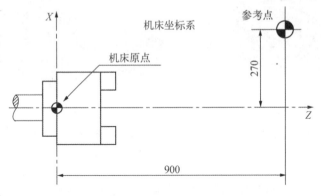

图 1-1-16 数控车床的机床原点和机床参考点

2. 数控铣床的机床原点和机床参考点

在数控铣床上，机床原点一般取在 X、Y、Z 坐标的正方向极限位置上，X_3、Y_3、Z_3 为 X、Y、Z 坐标的正方向极限位置距离，机床原点与机床参考点重合。数控铣床的机床原点和机床参考点如图 1-1-17 所示。

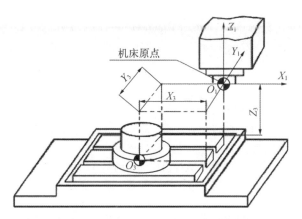

图 1-1-17　数控铣床的机床原点和机床参考点

四、工件坐标系与工件坐标系原点

数控机床加工时，工件毛坯可以放置在工作台上机床坐标系下的任意位置，用机床坐标系描述刀具轨迹就会很不方便。那么编程人员在编写零件加工程序时通常要选择一个工件坐标系（又称编程坐标系），这样刀具轨迹就变成了工件轮廓在工件坐标系下的坐标了，编程人员也就不用再考虑工件上各点在机床坐标系下的位置了，从而使问题得到简化。

工件坐标系原点也称为工件原点或编程原点。与机床坐标系不同，工件坐标系是人为设定的，选择工件坐标系的一般原则是：①尽量选在工件图样的基准上，便于计算，减少错误，以利于编程。②尽量选在尺寸精度高，粗糙度值低的工件表面上，以提高被加工件的加工精度。③便于测量和检验。④对于对称工件，最好选在工件的对称中心上。⑤对于一般零件，选在工件外轮廓的某一角上。⑥Z轴方向的原点，一般设在工件的表面上。

数控车床的工件原点一般选择工件的左端面或右端面与主轴中心线的交点。数控铣床和加工中心的工件原点一般设在工件外轮廓的某一个角上或工件的对称中心上，而进刀深度方向上的零点，多设在工件表面。工件原点确定以后，工件坐标系各坐标轴的方向与机床坐标系各坐标轴的方向保持一致。机床坐标系与工件坐标系的关系如图 1-1-18、图 1-1-19 所示。

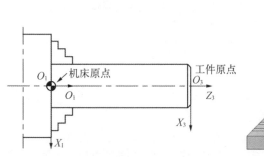

图 1-1-18　数控车床坐标系与工件坐标系

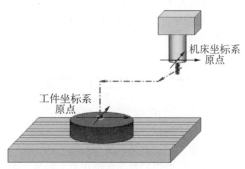

图 1-1-19　数控铣床坐标系与工件坐标系

第三节　数控加工常用刀具

一、数控机床对刀具的要求

为了适应数控加工高速、高效和高自动化程度等特点，数控加工刀具应比传统加工用刀具具有更高的要求。数控加工刀具应满足以下要求：

① 刀具材料应具有高的可靠性。数控机床加工的基本前提之一是刀具的可靠性，加工中不会发生意外的损坏。刀具的性能一定要稳定可靠，同一批刀具的切削性能和耐用度不得有较大的差异。

② 数控加工刀具应具有高的精度。数控加工要求刀具的制造精度要高，尤其在使用可转位结构的刀具时，刀具及其装夹机构必须具有很高的精度，以保证它在机床上的安装精度和重复定位精度。

③ 适应高速切削要求，具有良好的切削性能。为提高生产效率和加工高硬度材料的要求，数控机床向着高速度、大进给、高刚性和大功率的方向发展。中等规格的加工中心，其主轴最高转速一般为 3 000 ~ 5 000 r/min，工作进给由 0 ~ 5 m/min 提高到 0 ~ 15 m/min。数控机床所用刀具必须有承受高速切削和较大进给量的性能，而且要求刀具具有较高的耐用度。新型刀具材料，如涂层硬质合金、陶瓷和超硬材料（如聚晶精钢石和立方氮化硼）的使用，更能发挥数控机床的优势。

④ 较高的刀具耐用度。刀具在切削过程中不断地被磨损而造成工件尺寸的变化，从而影响加工精度。刀具在两次调整之间所能加工出合格零件的数量，称为刀具的耐用度。在数控机床加工过程中，提高刀具耐用度非常重要。刀具材料应具有高的耐热性、抗热冲击性和高温力学性能。

⑤ 数控加工刀具应能实现快速更换。数控加工刀具应能适应快速、准确的自动装卸，具有刀具互换性好、更换迅速、尺寸调整方便、安装可靠、换刀时间短。数控刀具大量采用机夹可转位刀具。数控机床及加工中心所用刀具一般带有调整装置，这样就能够补偿由于刀具磨损而造成的工件尺寸的变化。

⑥ 数控加工刀具应系列化、标准化和通用化。数控加工刀具实现系列化、标准化和通用化，可尽量减少刀具规格，便于刀具管理，降低加工成本，提高生产效率。

⑦ 为了保证生产稳定进行，数控加工刀具应能可靠地断屑或卷屑。

二、数控加工刀具材料的类型与选择

1. 刀具材料的类型

（1）高速钢

高速钢是工具钢的一类，以钨、钼、铬、钒，有时还有钴为主要合金元素的高碳高合金莱氏体钢，通常用作高速切削工具，简称高速钢，俗称锋钢。高速钢的特点是合金度高，刃部在 650℃ 时实际硬度仍高于 HRC50，具有优良的切削性能，高耐磨性、高硬度、高耐热性。高速钢的主要元素是 C、W、Mo、Cr、V、Co，其中 C% ≈ 0.7% ~ 1.65%，钢中含 W、Mo、Cr、V、Co 等合金元素，其总量超过 10%。

根据钢中主要化学成分，高速钢可分成三类：即钨系高速钢、钼系高速钢和钨钼系高速钢。其中钨系的 W18Cr4V 和钨钼系的 W6Mo5Cr4V2 应用最普遍，属于通用型高速钢；而高碳高钒、高钒高钴超硬高速钢属于特殊高性能高速钢。

W18Cr4V 具有良好的热硬性，在 600℃时，仍具有较高的硬度和较好的切削性，被磨削加工性能好，淬火过热敏感性小，比合金工具钢的耐热性能高。但由于其碳化物较粗大，强度和韧性随材料的尺寸增大而下降。适用于制造一般刀具（如车刀、铣刀、齿轮刀具），还可以制造高温下工作的轴承、弹簧等耐磨、耐高温的零件，不适合制造薄刃或较大的刀具。W6Mo5Cr4V2 具有良好的热硬性和韧性，淬火后表面硬度可达 64～66HRC，是含钼低钨高速钢，成本较低，用量仅次于 W18Cr4V，适用于制造钻头、丝锥、板牙、铣刀等。

（2）硬质合金

常用的硬质合金以 WC 为主要成分，根据是否加入其他碳化物而分为以下几类：

① 钨钴类（WC+Co）硬质合金（YG）。它由 WC 和 Co 组成，具有较高的抗弯强度的韧性，导热性好，但耐热性和耐磨性较差，主要用于加工铸铁和有色金属。细晶粒的 YG 类硬质合金（如 YG3X、YG6X），在含钴量相同时，其硬度耐磨性比 YG3、YG6 高，强度和韧性稍差，适用于加工硬铸铁、奥氏体不锈钢、耐热合金、硬青铜等。

② 钨钛钴类（WC+TiC+Co）硬质合金（YT）。由于 TiC 的硬度和熔点均比 WC 高，所以和 YG 相比，其硬度、耐磨性、红硬性增大，黏结温度高，抗氧化能力强，而且在高温下会生成 TiO$_2$，可减少黏结。但导热性能较差，抗弯强度低，所以它适用于加工钢材等韧性材料。

③ 钨钽钴类（WC+TaC+Co）硬质合金（YA）。在 YG 类硬质合金的基础上添加 TaC（NbC），提高了常温、高温硬度与强度、抗热冲击性和耐磨性，可用于加工铸铁和不锈钢。

④ 钨钛钽钴类（WC+TiC+TaC+Co）硬质合金（YW）。在 YT 类硬质合金的基础上添加 TaC（NbC），提高了抗弯强度、冲击韧性、高温硬度、抗氧能力和耐磨性。既可以加工钢，又可加工铸铁及有色金属。因此常称为通用硬质合金（又称为万能硬质合金）。目前主要用于加工耐热钢、高锰钢、不锈钢等难加工材料。

（3）陶瓷

陶瓷刀具材料种类一般可分为氧化铝基陶瓷、氮化硅基陶瓷、复合氮化硅—氧化铝基陶瓷三大类。其中以氧化铝基和氮化硅基陶瓷刀具材料应用最为广泛。氮化硅基陶瓷的性能更优越于氧化铝基陶瓷。陶瓷刀具的性能特点如下：① 硬度高、耐磨性能好：陶瓷刀具的硬度虽然不及 PCD 和 PCBN 高，但大大高于硬质合金和高速钢刀具，达到 93～95HRA。陶瓷刀具可以加工传统刀具难以加工的高硬材料，适合于高速切削和硬切削。② 耐高温、耐热性好：陶瓷刀具在 1200℃以上的高温下仍能进行切削。陶瓷刀具具有很好的高温力学性能， A1$_2$O$_3$ 陶瓷刀具的抗氧化性能特别好，切削刃即使处于炽热状态，也能连续使用。因此，陶瓷刀具可以实现干切削，从而可省去切削液。③ 化学稳定性好：陶瓷刀具不易与金属产生粘接，且耐腐蚀、化学稳定性好，可减小刀具的粘接磨损。④ 摩擦系数低：陶瓷刀具与金属的亲和力小，摩擦系数低，可降低切削力和切削温度。

（4）金刚石

金刚石是碳的同素异构体，它是自然界已经发现的最硬的一种材料。金刚石刀具具有高硬度、高耐磨性和高导热性能，在有色金属和非金属材料加工中得到广泛的应用。尤其在铝和硅铝合金高速切削加工中，金刚石刀具是难以替代的主要切削刀具品种。可实现高效率、高稳定性、长寿命加工的金刚石刀具是现代数控加工中不可缺少的重要工具。

① 天然金刚石刀具：天然金刚石作为切削刀具已有上百年的历史了，天然单晶金刚石刀具经过精细研磨，刃口能磨得极其锋利，刃口半径可达 0.002 μm，能实现超薄切削，可以加工出极高的工件精度和极低的表面粗糙度，是公认的、理想的和不能代替的超精密加工刀具。

② PCD 金刚石刀具：天然金刚石价格昂贵，金刚石广泛应用于切削加工的还是聚晶金刚石（PCD），自 20 世纪 70 年代初，采用高温高压合成技术制备的聚晶金刚石（Polycrystauine diamond），简称 PCD 刀片研制成功以后，在很多场合下天然金刚石刀具已经被人造聚晶金刚石所代替。PCD 原料来源丰富，其价格只有天然金刚石的几十分之一至十几分之一。PCD 刀具无法磨出极其锋利的刃口，加工的工件表面质量也不如天然金刚石，现在工业中还不能方便地制造带有断屑槽的 PCD 刀片。因此，PCD 只能用于有色金属和非金属的精切，很难达到超精密镜面切削。

③ CVD 金刚石刀具：自从 20 世纪 70 年代末至 80 年代初，CVD 金刚石技术在日本出现。CVD 金刚石是指用化学气相沉积法（CVD）在异质基体（如硬质合金、陶瓷等）上合成金刚石膜，CVD 金刚石具有与天然金刚石完全相同的结构和特性。CVD 金刚石的性能与天然金刚石相比十分接近，兼有天然单晶金刚石和聚晶金刚石（PCD）的优点，在一定程度上又克服了它们的不足。

（5）立方氮化硼

立方氮化硼的硬度虽略次于金刚石，但却远远高于其他高硬度材料。CBN 的突出优点是热稳定性比金刚石高得多，可达 1200℃以上（金刚石为 700 ～ 800℃），另一个突出优点是化学惰性大，与铁元素在 1200 ～ 1300℃下也不起化学反应。立方氮化硼的主要性能特点如下。① 高的硬度和耐磨性，CBN 晶体结构与金刚石相似，具有与金刚石相近的硬度和强度。PCBN 特别适合于加工从前只能磨削的高硬度材料，能获得较好的工件表面质量。② 具有很高的热稳定性，CBN 的耐热性可达 1400 ～ 1500℃，比金刚石的耐热性（700 ～ 800℃）几乎高 1 倍。PCBN 刀具可用比硬质合金刀具高 3 ～ 5 倍的速度高速切削高温合金和淬硬钢。③ 优良的化学稳定性，与铁系材料到 1200 ～ 1300℃时也不起化学作用，不会像金刚石那样急剧磨损，这时它仍能保持硬质合金的硬度；PCBN 刀具适合于切削淬火钢零件和冷硬铸铁，可广泛应用于铸铁的高速切削。④ 具有较好的热导性，CBN 的热导性虽然赶不上金刚石，但是在各类刀具材料中 PCBN 的热导性仅次于金刚石，大大高于高速钢和硬质合金。⑤ 具有较低的摩擦系数，低的摩擦系数可导致切削时切削力减小，切削温度降低，加工表面质量提高。

不同刀具材料的强度和韧性如图 1-1-20 所示。

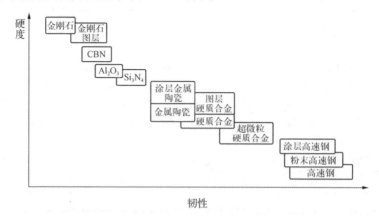

图 1-1-20　不同刀具材料的硬度和韧性

2. 数控加工刀具的选择

① 刀具的选择是在数控编程的人机交互状态下进行的。应根据机床的加工能力、工件材

料的性能、加工工序切削用量以及其他相关因素正确选用刀具及刀柄。刀具选择总的原则是：安装调整方便、刚性好、耐用度和精度高。在满足加工要求的前提下，尽量选择较短的刀柄，以提高刀具加工的刚性。

② 选取刀具时，要使刀具的尺寸与被加工工件的表面尺寸相适应。生产中，轴类零件常采用车刀。平面零件周边轮廓的加工，常采用立铣刀。铣削平面时，应选硬质合金刀片铣刀，加工凸台、凹槽时，选高速钢立铣刀。加工毛坯表面或粗加工孔时，可选取镶硬质合金刀片的玉米铣刀。对一些立体型面和变斜角轮廓外形的加工，常采用球头铣刀、环形铣刀、锥形铣刀和盘形铣刀。数控车刀如图 1-1-21 所示，数控铣刀如图 1-1-22 所示。

图 1-1-21　数控车刀

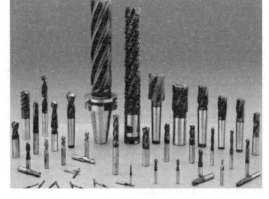

图 1-1-22　数控铣刀

③ 在加工中心上，各种刀具分别装在刀库上，按程序规定随时进行选刀和安刀动作。因此必须采用标准刀柄，以便使钻、镗、扩、铣削等工序用的标准刀具迅速、准确地装到机床主轴或刀库上去。编程人员应了解机床上所用刀柄的结构尺寸、调整方法以及调整范围，以便在编程时确定刀具的径向和轴向尺寸。目前我国的加工中心采用 TSG 工具系统，其刀柄有直柄（3 种规格）和锥柄（4 种规格）两种，共包括 16 种不同用途的刀柄。

④ 在经济型数控机床的加工过程中，由于刀具的刃磨、测量和更换多为人工手动进行，占用辅助时间较长，因此，必须合理安排刀具的排列顺序。一般应遵循以下原则：

a. 尽量减少刀具数量；

b. 一把刀具装夹后，应完成其所能进行的所有加工步骤；

c. 粗精加工的刀具应分开使用，即使是相同尺寸规格的刀具；

d. 先铣后钻；

e. 先进行曲面精加工，后进行二维轮廓精加工；

f. 在可能的情况下，应尽可能利用数控机床的自动换刀功能，以提高生产效率等。

第四节　安全文明生产

为了使数控机床保持良好的状态，除了机床发生故障及时修理外，还要经常性地对数控机床进行维护和保养。坚持定期检查、经常维护与保养数控机床可使设备保持良好的技术状态，延缓劣化进程，及时发现和消灭故障隐患，从而保证安全运行。数控机床种类和型号的不同，日常维护与保养的内容和要求也不一样，具体的维护与保养项目应按照机床说明书中的规定执行。

一、数控机床的日常维护

① 机床要保持良好的润滑。定期检查、清洗自动润滑系统，添加或更换润滑油或润滑脂，使丝杠、导轨等各运动部位始终保持良好的润滑状态，降低机械磨损速度。

② 定期检查液压、气压系统。对液压系统定期进行油质化验检查，更换液压油，并定期对各润滑系统、液压系统、气压系统的过滤器或过滤网进行清洗或更换，及时对分水滤气器放水。

③ 定期对各坐标轴进行超程限位试验。尤其是对于硬件限位开关，由于切削液等会产生锈蚀，平时又主要靠软件限位起保护作用，若硬件限位开关锈蚀不起作用，则会导致碰撞，甚至损坏滚珠丝杠。试验时需要用手按一下限位开关检查是否出现超程警报，或检查相应I/O输入信号是否变化。

④ 定期进行机械精度检查并校正，减少形状和位置偏差。机械精度的校正方法有软、硬两种：软方法主要通过系统参数补偿进行。硬方法一般是在机床大修时进行。

⑤ 检查电气柜中的冷却风扇工作是否正常、风道过滤网有无堵塞，并清洗过滤网上的尘土。

⑥ 定期检查电气部件。检查各插头、插座、电缆、各继电器的触点是否接触良好，检查各电路板是否干净。

⑦ 加工完成后，关闭电源，清洁机床，必要时涂防锈油。

二、安全生产规则

① 机床操作人员要穿工作服，女生必须戴好工作帽。熟悉所使用设备的主要技术性能、结构、保养内容和标准。

② 上机操作不准戴手套、系领带、衣服袖口必须扎紧。数控机床的开机、关机必须按照机床说明书的规定操作。

③ 机床在正常运行时，不准打开电气柜。在加工过程中，操作人员不得擅离岗位或托人代管，不能做与工作无关的事情，暂时离岗可按"暂停"键。要正确使用"急停开关"，工作中严禁随意拉闸断电。

④ 按设备说明书合理使用，正确操作，禁止超负荷、超性能、超规范使用。加工程序必须经过严格检验方可进行操作运行。

⑤ 工件、刀具必须牢固安装。装卸工件时防止工件碰撞机床。

⑥ 设备运行过程中注意异常现象，发生故障应及时停车，采取措施并记录故障内容。若发生事故，应立即停车断电，保护现场，并向维修人员如实说明发生的前后情况，便于维修人员分析情况和查找故障原因。

第二章　数控加工工艺基础

第一节　数控加工工艺设计概述

　　数控机床的加工工艺与通用机床的加工工艺有许多相同之处，但在数控机床上加工零件比通用机床加工零件的工艺规程要复杂得多。在数控加工前，要将机床的运动过程、零件的工艺过程、刀具的形状、切削用量和走刀路线等都编入程序，这就要求程序设计人员具有多方面的知识基础。合格的程序员首先是一个合格的工艺人员，否则就无法做到全面周到地考虑零件加工的全过程，以及正确、合理地编制零件的加工程序。

一、数控加工工艺设计的主要内容

　　① 根据待加工零件的特征选择数控加工机床。
　　② 对零件进行数控加工工艺分析。
　　③ 制订工艺路线，包括工序划分、加工顺序的安排、基准选择以及与非数控加工工序的衔接等。
　　④ 设计数控加工工序，主要包括确定工步、选择刀具、选择定位和安装夹具、确定切削用量等。
　　⑤ 调整数控加工工序程序，如添加对刀和刀具补偿等。
　　⑥ 容差分析。
　　⑦ 数控机床上部分指令的处理。

二、数控加工工艺的设计

1. 选择并决定进行数控加工的内容

　　数控加工工艺设计的原则和内容在许多方面与普通工艺相同。当选择并决定某个零件进行数控加工后，并不等于要把它所有的加工内容都包下来，而可能只是其中的一部分进行数控加工，因此必须对零件图纸进行仔细的工艺分析，选择 那些适合、需要进行数控加工的内容和工序。在选择并作出决定时，应结合本单位的实际，立足于解决难题、攻克关键和提高生产效率，充分发挥数控加工的优势。选择时，一般可按下列顺序考虑：
　　① 普通机床无法加工的内容应作为优先选择内容；
　　② 普通机床难加工，质量也难以保证的内容应作为重点选择内容；

③ 普通机床加工效率低，工人手工操作劳动强度大的内容，可在数控机床尚存在富余能力的基础上进行选择。

一般来说，上述这些加工内容采用数控加工后，在产品质量、生产率与综合经济效益等方面都会得到明显提高。相比之下，下列一些加工内容则不宜选择采用数控加工。

a. 需要通过较长时间占机调整的加工内容（如：以毛坯的粗基准定位来加工第一个精基准的工序等）；

b. 必须按专用工装协调的孔及其他加工内容（主要原因是采集编程用的数据有困难，协调效果也不一定理想）；

c. 按某些特定的制造依据（如：样板、样件、模胎等）加工的型面轮廓（主要原因是取数据难，易与检验依据发生矛盾，增加编程难度）；

d. 不能在一次安装中加工完成的其他零星部位，采用数控加工很麻烦，效果不明显，可安排普通机床补加工。

此外，在选择和决定加工内容时，也要考虑生产批量，生产周期，工序间周转情况等等。总之，要尽量做到合理，达到多、快、好、省的目的。要防止把数控机床降格为普通机床使用。

2. 数控加工工艺的设计步骤

当数控加工工艺路线设计完成后，各道数控加工工序的内容已基本确定。接下来便可以着手数控加工工序设计。数控加工工序设计的主要任务是拟定本工序的具体加工内容、切削用量、定位夹紧方式及刀具运动轨迹，选择刀具、夹具。量具等工艺装备，为编制加工程序作好充分准备。以下为在工序设计中应着重注意的几个方面。

（1）确定走刀路线和安排工步顺序

走刀路线是刀具在整个加工工序中的运动轨迹，它不但包括了工步的内容，也反映出工步顺序。走刀路线是编写程序的重要依据之一，因此，在确定走刀路线时最好画一张工序简图，将已经拟定出的走刀路线画上去（包括进、退刀路线），这样可为编程带来不少方便。工步的划分与安排一般可根据走刀路线来进行，在确定走刀路线时，主要考虑下列几点：选择最短走刀路线，减少空行程时间，以提高加工效率；为保证工件轮廓表面加工后的粗糙度要求，精加工时，最终轮廓应安排在最后一次走刀连续加工出来；刀具的进退刀（切入与切出）路线要认真考虑，以尽量减少在轮廓处停刀以避免切削力突然变化造成弹性变形而留下刀痕。一般应沿着零件表面的切向切入和切出，尽量避免沿工件轮廓面垂直方向进退刀而划伤工件；要选择工件在加工后变形较小的路线。例如对细长零件或薄板零件，应采用分几次走刀加工到最后尺寸，或采用对称去余量法安排走刀路线。

（2）定位基准与夹紧方案的确定

在确定定位基准与夹紧方案时应注意下列三点：力求设计、工艺与编程计算的基准统一；尽量减少装夹次数，尽可能做到在一次定位装夹后就能加工出全部待加工表面；避免采用占机人工调整式方案。

（3）夹具的选择

数控加工的特点对夹具提出了两个基本要求：一是要保证夹具的坐标方向与机床的坐标方向相对固定，二是要能协调零件与机床坐标系的尺寸。除此之外，主要考虑下列几点：当零件加工批量小时，尽量采用组合夹具、可调式夹具及其他通用夹具；当成批生产时，考虑采用专用夹具，但应力求结构简单；夹具尽量要开敞，其定位、夹紧机构元件不能影响加工中的走刀，以免产生碰撞；装卸零件要方便可靠，以缩短准备时间，有条件时，批量较大的零件应采用气动或液压夹具、多工位夹具等。

（4）刀具的选择

数控加工的特点对刀具的强度及耐用度要求较普通加工严格。因为刀具的强度不好，一是刀具不宜兼做粗，精加工，影响生产效率，二是在数控自动加工中极易产生打断刀具的事故，三是加工精度会大大下降。刀具的耐用度差，则要经常换刀、对刀，增加了辅助时间，也容易在工件轮廓上留下接刀刀痕，影响工件表面质量。对数控机床刀具，不同的零件材质，存在有一个切削速度、切削深度、进给量三者互相适应的最佳切削参数。这对大零件、稀有金属零件、贵重零件更为重要，工艺编程人员在选择刀具时，要注意对工件的结构及工艺性认真分析，结合工件材料，毛坯余量及具体加工部位综合考虑。努力摸索这个最佳切削参数，以提高生产效率。由于编程人员不直接设计刀具，仅能向刀具设计或采购人员提出技术条件及建议，因此，大多数情况下只能在现有刀具规格的情况下进行有限的选择。然而，数控加工中配套使用的各种刀具、辅具（刀柄、刀套、夹头等）要求严格，在如何配置刀具、辅具方面应掌握一条原则：质量第一，价格第二。只要质量好，耐用度高，即使价格高一些，也值得购买。工艺人员还要特别注意国内外新型刀具的开发成果，以便适时采用。刀具确定好以后，要把刀具规格、专用刀具代号和该刀.所要加工的内容列表记录下来，供编程时使用。

（5）确定对刀点与换刀点

对刀点就是刀具相对工件运动的起点。在编程时不管实际上是刀具相对工件移动，还是工件相对刀具移动，都是把工件看作静止，而刀具在运动。对刀点可以设在被加工零件上，也可以设在与零件定位基准有固定尺寸联系的夹具上的某一位置。选择对刀点时要考虑到找正容易，编程方便，对刀误差小，加工时检查方便、可靠。具体选择原则如下：刀具的起点应尽量选在零件的设计基准或工艺基准上。如以孔定位的零件，应将孔的中心作为对刀点，以提高零件的加工精度；对刀点应选在便于观察和检测，对刀方便的位置上；对于建立了绝对坐标系统的数控机床，对刀点最好选在该坐标系的原点上，或者选在已知坐标值的点上，以便于坐标值的计算。对刀误差可以通过试切加工结果进行调整。换刀点是为加工中心、数控车床等多刀加工的机床而设置的，因为这些机床在加工过程中间要自动换刀。为防止换刀时碰伤零件或夹具，换刀点常常设置在被加工零件的外面一定距离的地方，并要有一定的安全量。

（6）确定切削用量

数控切削用量主要包括切削深度、主轴转速及进给速度等。对粗精加工、钻、铰、镗孔与攻丝等的不同切削用量都应编入加工程序。上述切削用量的选择原则与通用机床加工相同，具体数值应根据数控机床使用说明书和金属切削原理中规定的方法及原则，结合实际加工经验来确定。

第二节 数控加工工艺制订

一、工序及工艺过程

1. 工序划分原则

（1）工序集中原则

工序集中原则是指每道工序包括尽可能多的加工内容，从而使工序的总数减少。采用工序集中原则的优点是有利于采用高效的专用设备和数控机床，提高审查效率，减少工序数目，缩短工序路线，简化生产计划和生产组织工作，减少工件装夹次数，不仅保证了各加工表面间的相互位置精度，还减少了夹具数量和装夹工件的辅助时间。

（2）先粗后精原则

根据零件的形状、尺寸精度及变形等因素，可按粗、精加工分开的原则划分工序，先粗加工，后精加工。考虑到粗加工时零件产生的变形需要一定时间恢复，粗加工后不宜接着安排精加工。当数控机床的精度能满足零件的设计要求时，可将粗、精加工一次完成。

（3）基准先行原则

在安排工序时，应首先安排零件粗、精加工时要用到的定位基准面或基准孔等。当零件重新装夹后，应考虑精修基准面或孔，也可采用已加工平面作为新的定位基准平面。

（4）先面后孔原则

在零件上既有面加工又有孔加工时，一般采用先加工面，后加工孔的工序划分原则，以提高孔的加工精度。

2. 工序的划分方法

数控加工工序划分除了要遵循以上原则外，在具体划分时可按下列方法进行：

（1）按加工内容划分工序

如果零件上有内腔、外形、曲面、平面、各种孔，加工内容较多，要根据零件的这些结构特点，将加工内容分成若干类别，然后选择机床，根据机床的加工功能合理划分整个工序的加工内容，并结合机床的类型，确定正确的定位、夹紧方案。

（2）按所用刀具划分工序

数控机床的加工功能与所使用的刀具是相对应的，改变所使用的刀具，可能意味着必须改换机床，也就意味着增加一个工序。但在加工中心进行数控加工，由于其复合的加工功能，在同一台设备上，一次安装可以加工多种类型的零件结构，可以使用多种类型的刀具，相对具有工序更加集中的特点。应该注意的是，工序过分集中，工序加工内容过多，所需要的加工程序也会很大，同时，不易去除加工留下的应力。因此，工序适当分开有利于提高精度。

（3）按粗、精加工划分工序

当零件的加工质量要求较高时，一般需要将加工过程划分粗加工、半精加工、精加工三个阶段。在数控加工过程中要划分粗加工工序、精加工工序（常将半精加工和精加工合并为一个工序）。

粗加工主要是高效去除加工表面上的大部分材料，使毛坯在形状和尺寸上接近成品零件。半精加工是为了去除粗加工留下的误差，为精加工做准备，并可完成次要表面的加工，如钻孔、攻螺纹、铣键槽等。精加工的目的是使重要表面达到零件图纸规定的加工质量要求。

（4）按工序先后顺序划分

① 先加工定位基准面，后加工其他表面。

② 先加工主要表面，后加工次要表面。

③ 先粗加工，后精加工。

④ 先加工平面，后加工孔。

为改善工件切削性能安排的退火、正火、调质等热处理工序，要安排在切削加工前进行。为消除内应力安排的热处理工序（如人工时效、退火等），且零件加工精度要求较高，最好安排在粗加工工序之后进行。零件加工精度要求不高，也可安排在粗加工之前进行。为了改善工件材料力学性能的热处理（如淬火、渗碳淬火等），一般安排在半精加工和精加工之间进行。

3. 加工路线的确定

加工路线（又称进给路线）是指在数控加工中，刀具刀位点相对于工件的运动轨迹。在加工过程中，每道工序的加工路线对于提高加工质量和保证零件的技术要求都是非常重要的，它与零件的加工精度和表面粗糙度有直接的关系。在确定加工路线时应考虑以下几点：

① 保证零件加工的精度和表面质量，尽量提高加工效率。

② 减少编程时间和工作量。

③ 使进给路线最短，减少程序段数，减少空走刀运行时间，避免刀具与工件碰撞及在工件表面上停刀。

④ 对于位置精度要求高的孔系加工，应避免机床的方向间隙影响孔间的位置精度。

⑤ 复杂曲面加工要根据零件的精度要求和曲面特点、加工效率等因素确定加工路线，是行切还是环切或是等高切削。

4. 加工余量的确定

加工余量分毛坯余量和工序余量，毛坯余量等于中间工序余量之和。毛坯余量指毛坯实体尺寸与零件图纸尺寸之差。工序余量指一个工序所去除的材料尺寸。毛坯余量的大小对零件的加工质量和讲过的经济性有很大的影响，余量过大会造成原材料和机械加工工时的浪费，使成本上升。工序余量过小，不能消除上道工序留下的各种误差，容易造成废品。所以，应根据毛坯制造精度以及零件的精度，合理确定毛坯余量，合理分配工序余量。在分粗加工和精加工的数控加工中，首先确定各工序余量后，再根据毛坯制造精度计算毛坯余量。

（1）工序余量的确定原则

根据工序加工方法和加工条件，在保证工序加工精度的条件下，以缩短加工时间，降低加工费用为目的，采用最小加工余量的原则。在确定加工余量时，还必须考虑：

① 零件的大小。工件越大，加工余量越大。

② 切削力和变形的大小。切削力越大，产生的变形越大，加工余量也应越大。

（2）加工余量的确定

加工余量的确定方法有查表法、经验估计法和计算法3种。

① 查表法。查表法是指通过查阅机械加工工艺相关的技术手册来确定工序余量。手册中的数据是经生产实践、实验研究所积累的，是常用的工序余量确定方法。在查阅手册选择工序余量时，一般要结合用户的生产实际情况，对其进行适当的修改，再进行应用。这种方法方便、迅速，在生产中应用较广。

② 经验估计法。经验估计法是工艺设计人员根据经验和本企业的生产条件确定加工余量。由于往往担心应余量过小而产生废品，经验估计法的数字总是偏大。这种方法可应用于单件

小批量生产。

③ 计算法。计算法是针对特定的加工对象，首先对其加工的机械性能和影响加工余量的因素进行分析，确定加工余量的计算方法，建立加工余量的计算公式，初步确定加工余量。然后进行试验加工，根据加工结果，对余量计算公式进行修改，在试验，再修改，直到合理准确为止，从而建立加工余量的计算方法或计算公式。这种方法特别适合于十分贵重的材料加工，在一般材料加工中应用很少。

二、加工工艺规程

加工工艺规程是指规定零件加工工艺过程和操作方法等的工艺文件。加工工艺规程是连接产品设计和制造过程的桥梁，是企业组织生产活动和进行生产管理的重要依据。加工工艺规程具有指导生产组织和组织工艺准备的作用，是生产中必不可少的技术文件。加工工艺规程的制订步骤如下：

1. 零件分析

① 分析零件结构特点，确定零件的主要加工方法。
② 分析零件加工技术要求，确定重要表面的精加工方法。
③ 根据零件的结构和精度，做出零件加工工艺性评价。

2. 确定毛坯

① 根据零件的材料和生产批量选择毛坯种类。
② 根据毛坯总余量和毛坯制造工艺特点确定毛坯的形状和大小。
③ 绘制毛坯工件图。

3. 确定各表面加工方法

根据零件各加工表面的形状、结构特点和加工批量逐一列出各表面的加工方法。注意方法可以有多种方案，再根据现有条件进行比较，选择一种最适合的方案。

4. 确定定位基准

加工时使工件在机床或夹具中占据正确位置所用的基准称为定位基准。在起始工序中，工件定位只能选择未经加工的毛坯表面，这种定位表面称为粗基准。在最终工序和中间工序中，应采用已加工的表面定位，这种定位基面称为精基准。实际加工过程中有时还会根据机械加工工艺需要而专门设计定位基准，如用作轴类零件定位的顶尖孔，用作壳体类零件定位的工艺孔或工艺凸台（图 2-2-1）等。

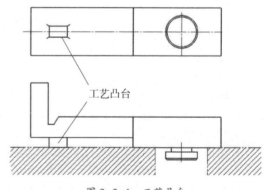

图 2-2-1　工艺凸台

（1）选择粗基准

粗基准选择的好坏，对以后各加工表面加工余量的分配以及工件上加工表面和非加工表面间的相对位置都有很大的影响。粗基准选择原则如下：

① 选择重要表面为粗基准。为保证工件上重要表面的加工余量小而均匀，则应选择该表面为粗基准。所谓重要表面一般是工件上加工精度以及表面质量要求较高的表面，如床身的

导轨面，车床主轴箱的主轴孔，都是各自的重要表面。因此，加工床身和主轴箱时，应以导轨面或主轴孔为粗基准。

② 选择不加工表面为粗基准。为了保证加工面与不加工面间的位置要求，一般应选择不加工面为粗基准。如果工件上有多个不加工面，则应选其中与加工面位置要求较高的不加工面为粗基准，以便保证精度要求，使外形对称等。

③ 选择加工余量最小的表面为粗基准。在没有要求保证重要表面加工余量均匀的情况下，如果零件上每个表面都要加工，则应选择其中加工余量最小的表面为粗基准，以避免该表面在加工时因余量不足而留下部分毛坯面，造成工件废品。

④ 选择较为平整光洁、加工面积较大的表面为粗基准。以便工件定位可靠、夹紧方便。

⑤ 粗基准在同一尺寸方向上只能使用一次。粗基准本身都是未经机械加工的毛坯面，其表面粗糙且精度低，若重复使用将产生较大的误差。

在加工过程中，按照粗基准的选择原则为第一道工序加工选择基准。上述原则有时不可能同时满足，甚至还是互相矛盾的。因此，在选择时应根据具体情况进行分析，权衡利弊，保证其主要的要求。

（2）选择精基准

精基准的选择不仅影响工件的加工质量，还与工件安装是否方便可靠有很大关系。精基准选择原则如下：

① 基准重合原则。应尽可能选用加工表面的设计基准作为精基准，避免基准不重合造成的定位误差。如图 2-2-2 所示，当加工表面 B、C 时，从基准重合的原则出发，应选择表面 A（设计基准）为定位基准。加工后，表面 B、C 相对表面 A 的平行度取决于机床的几何精度，尺寸精度误差则取决于机床—刀具—工件等工艺系统的一系列因素。

② 基准统一原则。当工件以某一组精基准定位，可以比较方便地加工其他各表面时，应尽可能在多

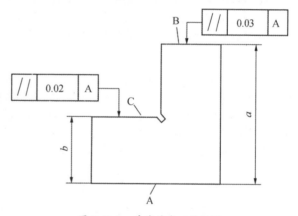

图 2-2-2 基准重合工件示例

数工序中采用同一组精基准定位。采用统一基准能用同一组基面加工大多数表面，有利于各表面的相互位置要求，避免基准转换带来的误差，而且简化了夹具的设计和制造，缩短了生产准备周期。

③ 自为基准原则。有些精加工工序为了保证加工质量，要求加工余量小而均匀，应采用加工表面本身作为定位基准。

④ 互为基准原则。为了使加工面获得均匀的加工余量和较高的位置精度，可采用加工面互为基准，反复加工的原则。

⑤ 便于装夹的原则。工件定位要稳定，夹紧可靠，操作方便，夹具结构简单。

5. 划分加工阶段

一般零件的加工阶段划分为三个阶段：粗加工、半精加工、精加工阶段。粗加工阶段一般的工作有：粗车、粗铣、粗刨、粗镗等。半精加工阶段一般工作有：半精车、半精铣、半精刨、

半精镗等。精加工阶段的一般工作有：精车、精铣、精刨、精镗、粗磨、精磨。如果零件的尺寸精度和表面粗糙度有非常高的要求时，还要进行超精加工。

6. 热处理工艺安排及辅助工序安排

热处理工艺将零件加工阶段自然分开。一般情况下铸造后毛坯要进行时效处理，锻造后毛坯要进行正火或退火处理，然后进行粗加工。粗加工后，复杂铸件要进行二次时效，轴类零件一般进行调质处理，然后进行半精加工。各类淬火放在磨削加工前进行，表面化学处理放在零件加工后进行。辅助工序包括去毛刺、画线、涂防锈油、涂防锈漆等也要在需要的时候安排进去。

7. 拟订加工工艺路线

① 按照基准先行、先主后次、先粗后精、先面后孔的原则安排工艺路线。并以重要表面的加工为主线，其他表面的加工穿插其中。一般次要表面的加工是在精加工前或磨削加工前进行的，重要表面的最后的精加工为放在整个加工过程的最后进行。

② 根据加工批量及现有生产条件考虑工序的集中与分散，以便更合理地安排工艺路线。

③ 按工序安排零件加工的工艺路线。

8. 工序设计

① 选择工序的切削机床、切削刀具、夹具、量具等。

② 确定工序的加工余量，计算各表面的工序尺寸。

③ 选择合理的切削参数，计算工序的工时定额。

9. 填写数控加工工艺规程

制定工艺规程的方法与步骤如图 2-2-3 所示。数控加工工艺规程是编程员在编制加工程序单时做出的与程序单相关的技术文件，它主要包括数控加工工序卡、数控加工刀具卡、数控加工程序单等。它是数控零件加工、产品验收的依据也是操作人员遵守、执行的规程，但对于不同的数控机床加工工艺文件的格式和内容也有所不同。根据设计好的内容将相关项目填写入数控加工工艺卡中。

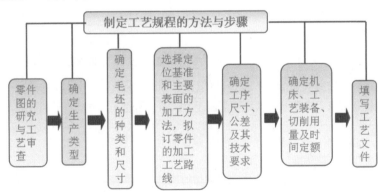

图 2-2-3　制定工艺规程的方法与步骤

（1）数控加工工序卡

数控加工工序卡与普通机械加工工序卡有很多相似之处，所不同的是工序图中应注明编程原点与对刀点，要进行编程简要说明，如数控系统型号、程序序号等，以及选定的切削参数（进给速度、主轴转速、最大切削深度等）。数控加工工序卡如表 2-2-1 所示。

表2-2-1 数控加工工序卡

数控加工工序卡				零件图号	材料名称		零件数量
					45 钢		1
设备名称	数控车床	系统型号	FANUC	夹具名称	三爪卡盘	毛坯尺寸	$\phi 40 \times 70$
工序号	工序内容			刀具号	主轴转速 / (r/min)	进给量 (mm/r)	背吃刀量 /mm
1	车端面			T01	600	0.1	
2	外圆粗加工			T01	600	0.2	1
3	外圆精加工			T01	1000	0.1	0.5
4	切断加工			T02	500	0.05	

（2）数控加工刀具卡

数控加工主要反映使用刀具的名称、编号、规格、长度和半径补偿值等内容。数控加工刀具卡如表2-2-2所示。

表2-2-2 数控加工刀具卡

工步号	工步内容	刀具号	刀具规格 （mm）	主轴转速 （r/min）	进给速度 （mm/min）	背吃刀量 （mm）

10. 填写数控加工程序单

数控加工程序单是记录工艺过程、工艺参数和数据位移的表格。加工程序单是制作控制介质的依据。加工程序单中的每个程序段，其信息给出顺序和形式的规则就是程序段格式。不同的数控机床，其程序加工程序单也可能不同。数控加工程序单如表2-2-3所示。

表2-2-3 数控加工程序单

零件号		零件名称	阶梯轴	编程原点	
程序号		数控系统		编制	
程序段号		程序内容		程序说明	

第三章 数控车削加工编程

第一节 台阶轴零件的工艺分析与编程

一、插补的基本知识

数控机床在加工时，刀具的运动轨迹是折线，而不是光滑的曲线，不能严格地沿着要求的曲线运动，只能沿折线轨迹逼近所要加工的曲线运动。一般情况下，机床数控系统是根据进给速度的要求按照已知的运动轨迹的起点坐标、终点坐标和轨迹的曲线方程，由数控系统实时地计算出各个中间点的坐标，这就是插补。插补有直线插补和圆弧插补两种，如图 3-1-1 所示。

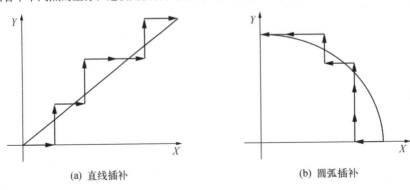

(a) 直线插补　　　　　　　　　　(b) 圆弧插补

图 3-1-1　直线插补与圆弧插补

插补工作可以用硬件或软件来实现。在数控系统中，采用硬件的数字逻辑电路完成插补工作的插补器称为硬件插补器。在以硬件为基础的 NC 系统中，数控装置采用了电压脉冲作为插补点坐标的增量输出，每个脉冲都在相应的坐标轴上产生一个基本长度单位，这就是脉冲当量。它表示每发送一个脉冲工作台相对于刀具移动的距离。脉冲当量的大小决定了加工精度。硬件插补的特点是运算速度快，但灵活性差、不易更改、结构复杂、成本高。在 CNC 中，由软件完成插补工作的装置称为软件插补器。也可以由软硬件配合完成插补工作，如用软件进行粗加工插补，用硬件进行精加工插补。

二、数控车床加工轴类零件的装夹要求

在数控机床加工轴类零件前，应预先确定工件在机床上的位置，并固定好，以接受加工

或检测。将工件在机床上或夹具中定位、夹紧的过程，称为装夹。工件的装夹包含了定位和夹紧两方面的内容。确定工件在机床上或夹具上正确位置的过程，称为定位。工件定位后，将工件固定使其在加工过程中保持定位位置不变的操作，称为夹紧。根据轴类零件的形状、大小、精度、数量的不同，可采用不同的装夹方法。

1. 在三爪自定心卡盘上装夹零件

三爪自定心卡盘（图3-1-2）的三个卡爪是同步运动的，能自动定心，装夹一般不需找正，故装夹零件方便、省时，但夹紧力较小，常用于装夹外形规则的中、小型零件。三爪自定心卡盘有正爪、反爪两种形式，反爪用于装夹直径较大的零件。

图 3-1-2　三爪单动卡盘　　　　图 3-1-3　四爪单动卡盘

2. 在四爪单动卡盘上装夹

四爪单动卡盘（图3-1-3）的卡爪是各自独立运动的，因此在装夹零件时必须找正后才可车削，但找正比较费时。其夹紧力较大，常用于装夹大型或形状不规则的零件。四爪单动卡盘的卡爪可装成正爪或反爪，反爪用于装夹较大的零件。

3. 用双顶尖装夹

对于较长的或工序较多的零件，为保证多次装夹的精度，采用双顶尖装夹的方法，如图3-1-4所示。用双顶尖装夹零件方便，无须找正，重复定位精度高，但装夹前需保证零件总长并在两端钻出中心孔。

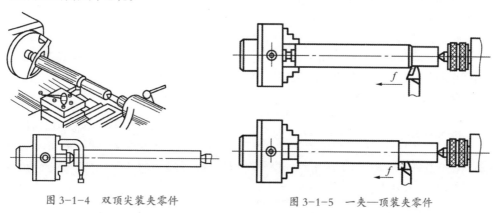

图 3-1-4　双顶尖装夹零件　　　　图 3-1-5　一夹—顶装夹零件

4. 用一夹一顶装夹

用双顶尖装夹零件精度高，但刚性较差，故在车削一般轴类零件时采用一端用卡盘夹住，另一端用顶尖顶住的装夹方法，如图 3-1-5 所示。为防止切削时产生轴向位移，可采用限位支承或台阶限位。其中台阶限位安全，刚性好，能承受较大切削力，应用广泛。

5. 工件装夹的原则

① 用三爪自定心卡盘装夹工件时，若工件直径 ≤ 30 mm，其悬伸长度应不大于直径 5 倍，若工件直径 >30 mm，其悬伸长度应不大于直径的 3 倍。

② 当工件长度较长或很长，为增加工件的刚性，防止在车削过程中产生振动、崩刀等，需采用一顶一夹装夹或使用跟刀架。

③ 当加工轴类零件时，各个表面的同轴度要求很高。可采用双顶尖装夹。

④ 加工一些特殊的零件，如薄壁套，要使用辅助夹具。车内孔时使用开口套筒，以减少工件的变形。车外圆时使用小锥度心轴，以内孔定位。

⑤ 被加工表面的回转轴线与基准面相互垂直的外形较复杂的工件（如壳体）可采用花盘。

三、加工顺序的确定

数控车削加工顺序一般按照下列两个原则来确定。

1. 先粗后精原则

所谓先粗后精，就是按照粗车→半精车→精车的顺序，逐步提高加工精度。粗车可在较短时间内将工件表面上的大部分加工余量切掉。一方面提高加工效率，另一方面使精车的加工余量均匀。如粗车后所留余量的均匀性满足不了精车加工的要求，则应安排半精车。为保证加工精度，精车时，要按照图样尺寸加工出零件轮廓。

2. 先近后远原则

这里所指的远与近，是按加工部位相对于对刀点的距离而言的。离对刀点远的部位后加工，可以缩短刀具的移动距离，减少空行程时间。对于车削而言，先近后远还有利于保持零件的刚性，改善切削条件。

四、走刀路线的确定

精加的走刀路线基本上是沿其零件轮廓顺序进行的。因此重点在于确定粗加工及空行程的走刀路线。

1. 最短空行程路线

图 3-1-6（a）所示为采用矩形循环方式进行粗车的一般情况，其对刀点 A 设置在较远的位置，是考虑到加工过程中需方便换刀，同时，将起刀点与对刀点重合在一起。

按三刀粗车的走刀路线安排：第 1 刀为 A → B → C → D → A；第 2 刀为 A → E → F → G → A；第 3 刀为 A → H → I → J → A。

图 3-1-6（b）所示则是将起刀点与对刀点分离，并设于 B 点位置，仍按相同的切削有量进行三刀粗车，其走刀路线安排：对刀点 A 到起刀点 B 的空行程为 A → B。第 1 刀为 B → C → D → E → B；第 2 刀为 B → F → G → H → B；第 3 刀为 B → I → J → K → B；起刀点 B 到对刀点 A 的空行程 B → A。

显然，图 3-1-6（b）所示的走刀路线短。

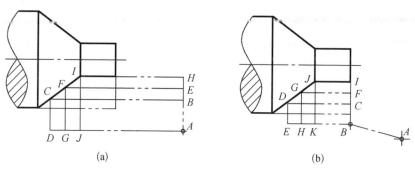

图 3-1-6 最短行程路线示意图

2. 大余量毛坯的切削路线

图 3-1-7 所示为车削大余量工件走刀路线。在同样的背吃刀量情况下，按图 3-1-7（a）所示的 1-5 顺序切削，使每次所留余量相等。

按照数控车床加工的特点，还可以放弃常用的阶梯车削法，改用顺毛坯轮廓进给的走刀路线，如图 3-1-7（b）所示。

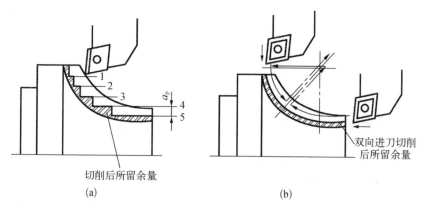

图 3-1-7 大余量毛坯的切削路线

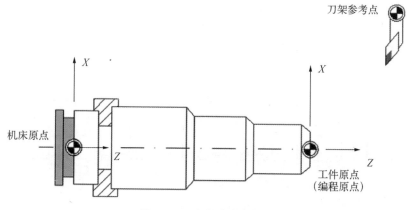

图 3-1-8 数控车床坐标系

五、数控车床工件坐标系

数控车床的坐标系分为机床坐标系和工件坐标系（编程坐标系）两种。无论哪种坐标系，都规定与机床主轴轴线平行的方向为Z轴方向。刀具远离工件的方向为Z轴方向，即从卡盘中心至尾座顶尖中心的方向为正方向。X轴位于水平面内，且垂直于主轴轴线方向，刀具远离主轴轴线的方向为X轴的正方向。工件坐标系的原点选在便于测量或对刀的基准位置，一般选在工件右端面或左端面的中心点上，如图3-1-8、图3-1-9所示。

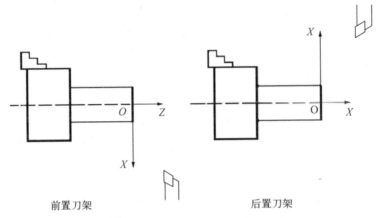

前置刀架　　　　　　　　　　后置刀架

图3-1-9　数控车削零件的工件坐标系

六、数控程序的编制方法

数控程序的编制方法有手工编程和自动编程。

1. 手工编程

手工编程主要由人工来完成数控编程中各个阶段的工作，如图3-1-10所示。一般几何形状不太复杂的零件，所需要的加工程序不长，计算比较简单时，用手工编程比较适合。手工编程的特点是编程耗费时间较长，容易出现错误，无法胜任复杂形状零件的编程。当采用手工编程时，一段程序的编写时间与其在机床上运行加工的实际时间之比，平均约为30∶1，而有时数控机床不能开动，很可能是由于加工程序编制困难，导致时间编程时间延长。

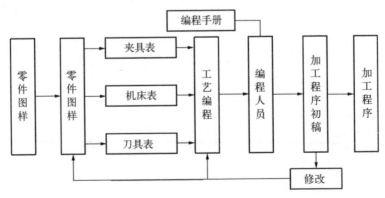

图3-1-10　手工编程

2. 自动编程

自动编程是指在编程过程中，除了分析零件图样和制订工艺方案由人工进行外，其余工作均由计算机辅助完成。采用计算机自动编程时，数学处理、编写程序、检验程序等工作是由计算机自动完成的。由于计算机可自动绘制出刀具中心运动轨迹，编程人员可及时检查程序是否正确，需要时可以及时进行修改，以获得正确的程序。由于计算机自动编程代替程序编制人员完成了烦琐的数值计算，编程效率可提高几十倍乃至上百倍，因此解决了手工编程无法解决的许多复杂零件的编程难题。

七、数控程序的结构及格式

1. 数控程序的结构

一个完整的零件程序应该包括程序号、程序内容和程序结束三个部分。如下面的程序格式：

```
O0001；// 程序号
N10 G40 G21 G97 G99；
N20 T0101；
N30 M03 S600；
……
N230 G00 X100；
N240 Z100；// 程序内容          程序内容
N250 M03S500T0202；
N260 G00X100Z-28；
……
N310 M05；程序内容
N320 M30；// 程序结束
```

程序号即为程序的开始部分，常用地址符为大写字母 O 或 %，FANUC 系统中程序名常用大写字母"O"加表示程序号的数字组成，如程序中 O0001，数字最多为 4 位，没有具体的含义，数字前面的零可以省略，即 O0001 与 O1 等效。程序号位于程序主体之前，是程序的开始部分，一般独占一行。

程序内容部分是整个程序的核心，由若干个程序段组成，表示数控机床所要完成的全部动作，如程序中的 N10 ~ N310 之间的程序段。

程序结束部分是以程序结束指令 M02 或 M30 作为整个程序的最后一个程序段，表示整个程序结束。

2. 程序段格式

程序中的每一个程序段由一个或若干个指令字组成，指令字代表某一信息单元。每个指令字由地址符和数字组成，它表示机床的一个位置或一个动作。每个程序段结尾处应有"EOB"或"CR"表示该程序段结束转入下一个程序段。地址符由字母组成，每一个字母、数字和符号都称为字符。

（1）常见程序段格式

如表 3-1-1 所示。

表 3-1-1　常见程序段格式

1	2	3	4	5	6	7	8	9	10
N_	G_	X_Y_Z_	U_V_W_	Z_W_R_	I_J_K_R_	F_	S_	T_	M_
程序段顺序号	准备功能	坐标尺寸字				进给功能	主轴转速功能	刀具功能	辅助功能

（2）常用地址符的含义

如表 3-1-2 所示。

表 3-1-2　常用地址符含义

功能	代码	备注
程序号	O	表示程序号
程序段顺序号	N	表示程序段顺序号
准备功能	G	定义运动方式
坐标地址	X、Y、Z A、B、C、U、V、W R I、J、K	轴向运动指令 附加轴运动指令 圆弧半径 圆弧起点相对于圆形的坐标
进给速度	F	定义进给速度
主轴转速	S	定义主轴转速
刀具功能	T	刀具号、刀具补偿号
辅助功能	M	机床的辅助动作
偏置号	H、D	长度补偿、刀具半径补偿的偏置号
子程序	P	子程序号
重复次数	L	子程序重复次数，固定循环的重复次数
参数	P、Q、R	固定循环参数
暂停	P、X	暂停时间
倒角	C、R	倒角

八、FANUC 0i 常用的准备功能 G 指令、辅助功能 M 代码一览表

1. 准备功能 G 指令

准备功能指令由字母 G 和其后的两位数字组成，从 G00 ～ G99。该类指令主要是指定数控机床的加工运动和插补方式，为数控装置的辅助运算、刀补运算、固定循环等做好准备。我国 JB 3208—83 标准规定了 G 指令的功能。

G 指令分为两类：分为模态 G 指令和非模态 G 指。模态指令又称续效指令，只要制定一

次模态 G 指令，在同组的其他 G 指令出现以前该功能一直有效，所以在连续指定同 G 指令的程序段中，只要指定一次模态 G 指令，在后来的程序段中就不必再指定。非模态指令，这类 G 指令只有在被制定的本程序段内有效，不起续效作用。

标准中对 G 指令按其功能进行了分组，表 3-1-5 中用小写英文字母进行了分组，如刀具运动功能分在"a"组。同一功能组的代码可以相互取消，后出现的可以取消前面的同组 G 指令，因此不允许写在同一程序中。如果在同一程序段中写了两个或三个同一组的 G 指令，则该程序段中最后出现的 G 指令有效。

G 指令虽然很多，但国际上实际使用 G 指令的标准化程度很低，只有若干常用 G 指令的功能在各类数控系统中基本相同，所以编程时不能硬记标准，必须严格按照具体机床的编程手册进行。表 3-1-3 为常用准备功能 G 指令明细表。

表 3-1-3　常用准备功能 G 指令明细表

代码	组别	续效	功能	代码	组别	续效	功能
G00	a		点定位	G45	#（d）	#	刀具偏置 +/–
G01	a		直线插补	G46	#（d）	#	刀具偏置 +/–
G02	a		顺时针圆弧插补	G47	#（d）	#	刀具偏置 –/–
G03	a		逆时针圆弧插补	G48	#（d）	#	刀具偏置 –/+
G04	*		暂停	G49	#（d）	#	刀具偏置 0/+
G05	#	#	不指定	G50	#（d）	#	刀具偏置 0/–
G06	a	√	抛物线插补	G51	#（d）	#	刀具偏置 +/0
G07	#	#	不指定	G52	#（d）	#	刀具偏置 –/0
G08	*		加速	G53	f	√	直线偏移，取消
G09	*		减速	G54	f	√	直线偏移 X
G10～G16	#	#	不指定	G55	f	√	直线偏移 Y
G17	c	√	XY 平面选择	G56	f	√	直线偏移 Z
G18	c	√	ZX 平面选择	G57	f	√	直线偏移 XY
G19	c	√	YZ 平面选择	G58	f	√	直线偏移 XZ
G20～G32	#	#	不指定	G59	f	√	直线偏移 YZ
G33	a	√	等螺距螺纹切削	G60	h	√	准确定位 1（精）
G34	a	√	增螺距螺纹切削	G61	h	√	准确定位 1（中）
G35	a	√	减螺距螺纹切削	G62	h	√	快速定位（粗）
G36～G39	#	#	永不指定	G63		√	攻螺纹
G40	d	√	刀具补偿/偏置取消	G64～G67	#	#	不指定
G41	d	√	刀具左补偿	G68	#（d）	#	刀具偏置，内角
G42	d	√	刀具右补偿	G69	#（d）	#	刀具偏置，外角

续表

代码	组别	续效	功能	代码	组别	续效	功能
G43	#(d)	#	刀具正偏置	G70～G79	#	#	不指定
G44	#(d)	#	刀具负偏置	G80	e	√	固定循环取消
G81～G89	e	√	固定循环	G94	k	√	每分钟进给
G90	j	√	绝对尺寸	G95	k	√	主轴每转进给
G91	j	√	增量尺寸	G96	i	√	恒线速度
G92	*	偏置寄存	G97	i	√	每分钟转速
G93	k	√	时间倒数、进给率	G98～G99	#	#	不指定

注：① "√"符号表示为模态代码，可以在同组其他代码出现以前一直续效。

② "*"符号表示该功能仅在所出现的程序段内有效。

③ "#"符号表示如选作特殊用途时，必须在程序格式的解释中说明。

④ "永不指定"的代码，在本标准内，将来也不指定。

⑤ 组别栏中的"（d）"标记，表示该代码可以被带括号的（d）组代码所替代或注销，也可以被不带括号的d组代码代替或注销。

2. 辅助功能 M 代码

辅助功能也叫 M 功能或 M 代码，是由地址符 M 和其后的两位数字组成，从 M00 到 M99，除少量的 M 代码是通用的以外，大部分的 M 代码都是机床厂家根据所设计的机床的特殊功能来设定，表 3-1-4 为辅助功能 M 指令明细表。M 代码主要用来制定机床加工时的辅助动作及状态，如主轴的起停、正反转，冷却液的通、断，刀具的更换，滑座或有关部件的加紧与松开等，也称开关功能。

M 功能也分为模态和非模态，同时还规定了 M 功能在一个程序段中起作用的时间。当机床移动指令和 M 指令编在同一个程序段中，按下面两种情况执行：① 同时执行移动指令和 M 指令，称为前指令码；② 直到移动指令完成后再执行 M 指令，称为后指令码。

表 3-1-4　辅助功能 M 指令明细表

序号	代码	数控车床	数控铣床	功能
1	M00	√	√	程序停止
2	M01	√	√	计划停止
3	M02	√	√	程序结束
4	M03	√	√	主轴正转
5	M04	√	√	主轴反转
6	M05	√	√	主轴停止
7	M06	√	√	换刀
8	M07	√	√	2号切削液开
9	M08	√	√	1号切削液开

续表

序号	代码	数控车床	数控铣床	功能
10	M09	√	√	切削液关
11	M17	√	车床子程序结束	
12	M30	√	√	程序结束，光标返回程序首段
13	M60	√	粗铣轮廓	
14	M61	√	精铣轮廓	
15	M70	√	暂不执行该程序段	
16	M79_	√	调用 G79 铣削剩余部分	

① M00 程序停止。M00 实际上是一个暂停指令，被编辑在一个单独的程序段中，当执行有 M00 指令的程序段后，主轴停转、进给停止、切削液关、程序停止，而现存的所有模态信息保持不变，相当于单程序段停止。只有当重新按下控制面板上的循环起动键（CYCLESTART）后，方可继续执行下一程序段。该指令主要用于加工过程中测量刀具和工件的尺寸、工件调头、手动变速等手工操作。

② M01 计划停止。M01 指令的作用和 M00 相似，但时它必须在预先按下操作面板上"任选停止"按钮的情况下，当执行完编有 M01 指令的程序段的其他指令后，才会停止执行程序。如果不按下"选择停止"按钮，M01 指令无效，程序继续执行。该指令常用于工件关键尺寸的停机抽样检查等情况。

③ M02 程序结束。M02 指令用于程序全部结束。执行该指令后，机床便停止自动运转，切削液关，但光标不返回程序头，如要重新执行该程序，必须再进行调用。

④ M30 程序结束。M30 指令在完成程序的所有指令后，使主轴、进给和切削液都停止，并使机床及控制系统复位，光标自动返回程序头，若再次按循环启动键，将从程序的第一段重新执行。

⑤ M03 主轴顺时针方向旋转。沿主轴轴线向 +Z 方向看，顺时针方向旋转。

⑥ M04 主轴逆时针方向旋转。沿主轴轴线向 +Z 方向看，逆时针方向旋转。

⑦ M05 主轴停止。

⑧ M06 换刀指令。用于具有自动换刀装置的机床，如加工中心和有回转刀架的数控车床。编程格式为 M06 T_ 或 T_ M06；其中 T 表示所换的刀具，刀具号用 T 后面的数字表示。

⑨ M07、M08 冷却液开。M07 开启 2 号冷却液（雾状），M08 开启 1 号冷却液（液状）。

⑩ M09 冷却液关。

⑪ M98 调用子程序。

⑫ M99 子程序结束并返回到主程序。

九、主轴转速功能（S）、进给速速（F）、刀具功能（T）

1. 主轴转速功能（S）

主轴转速功能也称为 S 功能，用来制定主轴的转速，由地址字符 S 及后面的 1～4 位数字组成。S 指令只设定主轴转速的大小，并不会使主轴转动，必须用 M03（主轴正转）指令或 M04（主轴反转）指令时，主轴才会开始转动，如 M03 S600 表示主轴正转，转速为 600 r/min。在 FANUC 数控车床系统中，主轴转速有恒转速和恒线转速两种指令。G96 S_ 中，

G96 为恒切削速度指令，S 指令后面的数字单位为 m/min，G97 S_ 中，G97 为每分钟转速指令，S 指令后面的数字单位 r/m in。

2. 进给功能（F）

进给功能也称为 F 功能，用来指定刀具的进给速度，该速度上限值由系统参数设定。若程序中编写的进给速率超出限制范围，实际进给率即为上限值。F 指令是一个模态指令，在未出现新的 F 指令以前，F 指令在后面的程序中一直有效。在 FANUC 数控系统中，进给速度分每分钟进给和每转进给，用 G98 F_ 和 G99 F_ 指令来区别。其中，G98 F_ 中 F 数值单位为 mm/min，一般用于数控车、数控铣和加工中心编程中。G99 F_ 中 F 数值单位为 mm/r，一般用于数控车编程中。在螺纹加工指令的 F 值表示螺纹的导程，单位为 mm/r。G98、G99 进给功能（F）表示方法如图 3-1-11 所示。

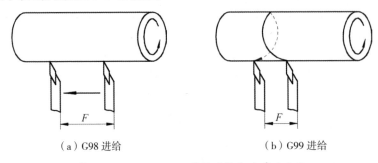

（a）G98 进给　　　　　　　　　　　（b）G99 进给

图 3-1-11　G98、G99 进给功能（F）表示方法

3. 刀具功能（T）

刀具功能也称为 T 功能，该指令是刀具序号指令。在可以自动换刀的数控系统中，它用来选择所需的刀具。指令以 T 开头，后跟两位数字，以表示刀具的编号。在数控车编程中，有时 T 后跟有四位数字，前两位表示刀具号，后两位表示刀具补偿的序号。

例如：T0101 表示选择 1 号刀，用 1 号刀具补偿。

T0202 表示选择 2 号刀，用 2 号刀具补偿。

T0300 表示选择 3 号刀，取消刀具补偿。

刀具补偿包括刀具长度补偿和刀尖圆弧半径补偿。

十、切削用量的选择

1. 切削用量的选择原则

（1）粗加工时切削用量的选择原则

首先选取尽可能大的背吃刀量；其次要根据机床动力和刚性的限制条件等，选取尽可能大的进给量；最后根据刀具耐用度确定最佳切削速度。

（2）精加工时切削用量的选择原则

首先根据粗加工后的余量确定背吃刀量；其次根据已加工表面的粗糙度要求，选取较小的进给量；最后在保证刀具耐用度的前提下，尽可能选取较高的切削速度。

2. 切削用量各要素的选择方法

（1）背吃刀量的选择

根据工件的加工余量确定。

（2）进给量和进给速度的选择

主要根据零件的加工精度和表面粗糙度要求以及刀具和工件材料来选择。

（3）切削速度的选择

主要考虑刀具和工件的材料以及切削加工的经济性。必须保证刀具的使用寿命。同时切削负荷不能超过机床的额定功率。

十一、基本编程指令

1. 快速定位指令 G00

G00指令控制使刀具以点定位控制方式，从刀具当前点（起点）快速移动到目标点（终点）。用于不接触工件的走刀和远离工件走刀时。G00快速定位示意图如图 3-1-12 所示。

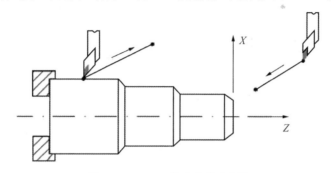

图 3-1-12　G00 快速定位示意图

指令格式：G00 X（U）_ Z（W）_；

其中：X、Z——终点的绝对坐标；

U、W——终点相对于起点的增量坐标。

① G00 走刀不车削工件，即平常所说的走空刀，对减少加工过程中的空运行时间有很大作用。

② G00 指令不需指定进给速度 F 的值，进给速度由机床参数设定。

2. 直线插补指令 G01

G01指令用来控制刀具以直线运动方式，按指定的进给速度从刀具所在点到达目标点。车削工件时，刀具按照指定的坐标和速度，以任意斜率由起始点移动到终点位置做直线运动。

指令格式：G01 X（U）_ Z（W）_ F _；

其中：X、Z——终点的绝对坐标；

U、W——终点相对于起点的增量坐标；

F——进给速度。

使用 G01 指令可以实现纵向切削、横向切削、锥度切削等形式的直线插补运动。G00 快速定位示意图如图 3-1-13 所示。

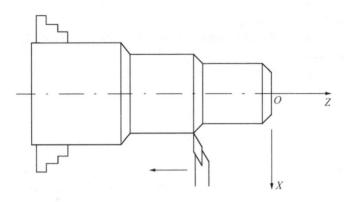

图 3-1-13 G01 快速定位示意图

G01 指令在数控车床编程中，还可以直接用来进行倒角（C 指令）、倒圆角（R 指令）。如图 3-1-14、图 3-1-15 所示。

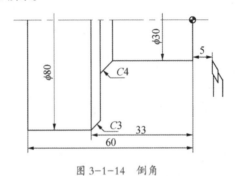

图 3-1-14 倒角

程序为：G01 　Z−35.0 　C4.0 　F0.2；
　　　　X80.0 　C−3.0；
　　　　Z−60.0；

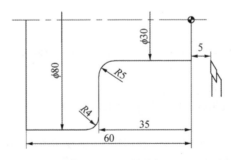

图 3-1-15 倒圆角

注：C4.0 倒角，因为 Z 轴切削向 X 轴正向倒角，所以为 C4.0；C3.0 倒角，因为 X 轴切削向 Z 轴负向倒角，所以为 C−3.0；

程序为：G01 　Z−35.0 　R5.0 　F0.2；
　　　　X80.0 　R−4.0；
　　　　Z−60.0；

注：R5.0 倒圆角，因为 Z 轴切削向 X 轴正向倒圆角，所以为 R5.0；R-4.0 倒圆角，因为 X 轴切削向 Z 轴负向倒圆角，所以为 R-4.0；

3. 返回参考点检测指令 G27

数控机床通常是长时间连续工作的，为了提高加工的可靠性，保证零件的加工精度，可用 G27 指令来检查工件原点的正确性。执行该指令时，各轴按指令中给定的坐标值快速定位，且系统内部检测参考点的行程开关信号。如果定位结束后检测到开关信号法令正确，则参考点的指示灯亮，说明滑板正确回到了参考点位置，如果检测到的信号不正确，系统报警，说明程序中指令的参考点坐标值不对或机床定位误差过大。执行 G27 指令的前提是机床通电后必须要手动返回一次参考点。

指令格式：G27 X（U）_ Z（W）_；

其中：X、Z——参考点在编程坐标系中的绝对坐标；

U、W——参考点在编程坐标系中的增量坐标。

4. 自动返回参考点指令 G28

指令格式：G28 X（U）_ Z（W）_；

其中：X（U）、Z（W）为中间点的坐标。

说明：G28 指令与 G27 指令不同，不需要指定参考点的坐标，有时为了安全，指定一个刀具返回参考点时经过的中间位置坐标。G28 的功能是使刀具以快速定位移动的方式，经过指定的中间位置，返回参考点。

5. 从参考点返回指令 G29

指令格式：G01 X _ Z _；

其中：X、Z——为刀具返回目标点时的坐标。

说明：G29 指令的功能是命令刀具经过中间点到达目标点指定的位置，这一指令所指的中间点是指 G28 指令中所规定的中间点。因此，这一指令在使用之前，必须保证前面已经用过 G28 指令，否则 G29 指令不知道中间点的位置，会发生错误。

十二、编程特点

从零件图样到编制零件加工程序和制作控制介质的全过程，称之为加工程序编制。编程者（程序员或数控车床操作者）根据零件图样和工艺文件的要求，编制出可在数控机床上运行以完成规定加工任务的一系列指令的过程。加工程序编制流程图如图 3-1-16 所示。

1. 直径编程方式

在车削加工的数控程序中，X 坐标值取为零件图样上的直径值，采用直径编程时，X 坐标值与零件图样中的直径尺寸值一致，这样可避免尺寸换算过程中可能造成的错误，给编程带来方便。

由于数控车床加工的工件为回转体零件，所以在求 X 方向的坐标值是必须按照直径值去计算。计算方式如图 3-1-17 所示。

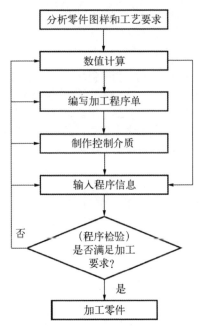

图 3-1-16　加工程序编制流程图

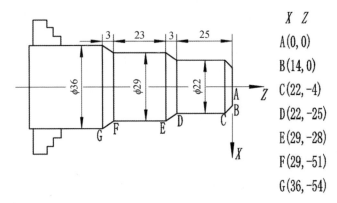

图 3-1-17　直径编程方式计算

2. 绝对坐标与增量坐标

绝对坐标编程时用各轴移动到终点的坐标值进行编程的方式，增量坐标编程时用各轴移动量直接进行编程的方式。对于 FANUC 数控系统，绝对坐标编程时，用地址符 X、Z 表示，增量坐标编程时，用地址 U、W 表示。因为 X 轴的坐标采用直径编程，所以 U 的值为终点与起点的直径差。在一个程序段中，可以采用绝对坐标编程或增量坐标编程，也可以采用混合坐标编程。

【例 3-1-1】　如图 3-1-18 所示，设零件各表面已完成粗加工，试分别用绝对坐标方式和增量坐标方式编写 G00/G01 程序段。

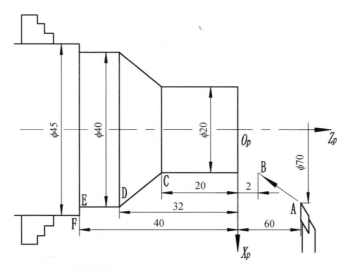

图 3-1-18 绝对坐标和增量坐标零件

绝对坐标程序：

G00 X20.0 Z2.0；	A——>B
G01 X20.0 Z20.0 F0.1；	B——>C
G01 X40.0 Z32.0；	C——>D
G01 X40.0 Z40.0；	D——>E
G01 X45.0 Z40.0；	E——>F

增量坐标程序：

G00 U50.0 W58.0；	A——>B
G01 W 22.0 F0.1；	B——>C
G01 U20.0 W12.0；	C——>D
G01 W8.0；	D——>E
G01 U5.0；	E——>F

3. 循环功能

数控车床上工件的毛坯大多为棒料、锻件，加工余量较大，一个表面往往需要进行多次反复的加工。如果对每个加工循环都辨析若干个程序段，就会增加编程的工作量。为了简化加工程序，一般情况下，数控车床的数控系统中都有车外圆、车端面和车螺纹等不同形式的循环功能。

4. 刀具补偿功能

在加工过程中，对于刀具位置的变化、刀具几何形状的变化及刀尖的圆弧半径的变化都无须更改加工程序，只要将变化的尺寸或圆弧半径输入到存储器中，刀具便能自动进行补偿。

如图 3-1-19 所示简单阶梯轴零件图，材料为 45 钢，毛坯为 φ40 棒料，单件生产。试制定零件的加工工艺，编写该零件的加工程序。

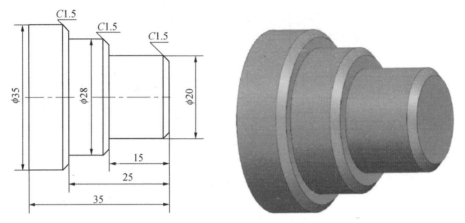

图 3-1-19　台阶轴零件图

1. 加工方案分析

（1）零件图分析

如图 3-1-19 所示零件结构简单，结构尺寸变化不大，由 φ20 圆柱段、φ28 圆柱段、φ35 圆柱段及倒角组成。工件尺寸精度和表面粗糙度要求不高。

（2）确定加工方案

该零件为轴类零件，轴心线为工艺基准，加工外圆面选择通用夹具——三爪自定心卡盘夹持 φ40 毛坯外圆一次装夹完成加工。以零件右端中心作为坐标系原点，设定工件坐标系。根据零件尺寸精度及技术要求，将粗、精加工分开来考虑，从右到左车端面及外圆。

（3）确定加工顺序及走刀路线

① 车削右端面。

② 粗车外圆柱面为 φ35.5。

③ 粗车外圆柱台阶面为 φ28.5。

④ 粗车外圆柱台阶面为 φ30.5。

⑤ 精车外圆柱台阶面为 φ20×15。

⑥ 精车外圆柱台阶面为 φ28×25。

⑦ 精车外圆柱台阶面为 φ35×35。

⑧ 切断。

（4）选择刀具及切削用量

① 采用 900 硬质合金机夹偏刀 T0101 用于粗车和精车加工。

② 切断，采用切槽刀（3 mm 刀宽）T0202。

根据零件的表面质量要求、零件的材料、刀具加工条件等查切削用量表，选择计算刀具的切削参数。注意：安装刀具时，刀具的刀尖一定要与零件旋转中心等高，否则在车削零件的端面时将在零件端面中心产生小凸台或损坏刀尖。

（5）填写数控加工工序卡

阶梯轴数控加工工序卡如表 3-1-5 所示。

表 3-1-5　台阶轴零件数控加工工序卡

数控加工工序卡				零件图号	材料名称		零件数量
					45 钢		1
设备名称	数控车床	系统型号	FANUC	夹具名称	三爪卡盘	毛坯尺寸	$\phi40\times70$
工序号	工序内容			刀具号	主轴转速 /（r/min）	进给量 （mm/r）	背吃刀量 /mm
1	车端面			T01	600	0.1	
2	外圆粗加工			T01	600	0.2	
3	外圆精加工			T01	1000	0.1	
4	切断加工			T02	500	0.05	

2. 编制加工程序单

如表 3-1-6 所示。

表 3-1-6　阶梯轴的数控加工程序单

零件号		零件名称	阶梯轴	编程原点	右端面中心
程序号	O0021	数控系统	FANUC	编制	
程序段号	程序内容		程序说明		
N10	G40　G21　G97　G99;				
N20	T0101;		选择 1 号刀（900 外圆车刀），刀具补偿号为 01		
N30	M03　S600;		参数设定，主轴正转，设定粗车转速为 600r/min		
N40	M08;		打开切削液		
N50	G00　X50.0　Z3.0;		刀具快速定位到工件附近（50，3）		
N60	G01　X0.0　F0.2;		车削右端面		
N70	Z0.0;				
N80	X35.5;		车外圆柱面至 ϕ35.5（粗加工）		
N90	Z-50.0;				
N100	G00　X100.0;		退刀		
N110	Z2.0;				
N120	X28.5;		车 ϕ28.5 圆柱面（粗加工）		

续表

N130	G01 Z−24.5;	
N140	G00 X100;	退刀
N150	Z2;	
N160	X20.5;	车 φ20.5 圆柱面（粗加工）
N170	G01 Z−14.5;	
N180	G00 X100;	退刀
N190	Z1.5;	
N200	M03 S1000;	设定精车转速为 1000r/min
N210	X14;	
N220	G01 X20 Z−1.5 F0.1;	车右边 φ20 外圆倒角
N230	Z−15;	精车 φ20 外圆
N240	X25.0;	
N250	X28 Z−16.5 ;	车 φ28 外圆的倒角
N260	Z−25;	精车 φ28 外圆
N270	X32;	
N280	X35 Z−26.5;	车 φ35 外圆的倒角
N290	Z−50;	精车 φ35 外圆
N300	G00 X100;	退刀
N310	Z100;	
N320	M03 S500 T0202;	调主轴转速 500r/min，选切槽刀 T0202，刀宽 3mm
N330	G00 X100 Z−38;	快速到达（100，−38）位置
N340	X40 ;	快速到达（40，−38）位置，准备切断工件
N350	G01 X2.0 F0.05;	切断，保留 2mm 直径，没有完全切断
N360	G00 X100;	撤刀，快速撤出，到达（100，−38）位置
N370	Z200;	快速到达（100，200）位置
N380	M05;	主轴停止
N390	M30;	程序停止，程序光标返回到程序名处

第二节　圆弧面轴零件的工艺分析与编程

基础知识

一、含圆弧面零件的车削加工工艺

1. 含圆弧面零件的加工

在普通车床上加工，可采用双手控制法、成型刀具法、靠模法、专业刀具法等加工方法，但这些方法效率低，加工精度不高，劳动强度大。在数控车床上加工，用圆弧插补指令（G02/G03）进行编程，使刀具在指定平面内按给定的进给速度做圆弧切削运动，切削出圆弧轮廓性质。

2. 圆弧切削刀具的选择

由于外表面有内凹轮廓，选择车刀时要注意副偏角的大小，以防止车刀副后刀面与工件已加工表面发生干涉。一般主偏角取 90°～93°，刀尖角取 35°～55°，以保证刀尖位于刀具的最前端，避免刀具过切。

二、圆弧常用加工方法

1. 阶梯法

图 3-2-1 为车圆弧的阶梯切削路线：先粗车阶梯，最后一刀精车圆弧。

2. 同心圆法

图 3-2-2 为车圆弧的同心圆切削路线：用不同的半径圆来车削，最后将所需圆弧加工出来。

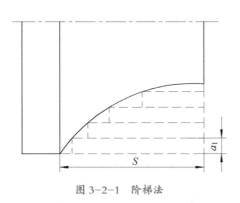

图 3-2-1　阶梯法　　　　　　　　图 3-2-2　同心圆法

3. 车锥法

图 3-2-3 为车圆弧的车锥法切削路线：先车一个圆锥，再车圆弧。

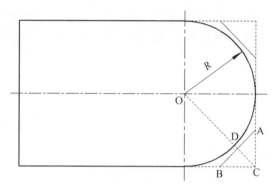

图 3-2-3 车锥法

4. 凹圆弧加工方法

凹圆弧的加工方法如图 3-2-4 所示。

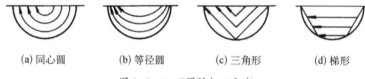

(a) 同心圆　　(b) 等径圆　　(c) 三角形　　(d) 梯形

图 3-2-4 凹圆弧加工方法

上述各种加工方法中：

① 程序段数最少的为同心圆及等径圆形式；

② 走刀路线最短的为同心圆形式，其余依次为三角形、梯形及等径圆形式；

③ 计算和编程最简单的为等径圆形式（可利用程序循环功能），其余依次为同心圆、三角形和梯形形式；

④ 金属切除率最高、切削力分布最合理的为梯形形式；

⑤ 精车余量最均匀的为同心圆形式。

三、编程指令

1. 圆弧插补指令 G02/G03

（1）用 I、K 指定圆心位置

G02　X（U）__　Z（W）__　I__　K__　F__；

G03　X（U）__　Z（W）__　I__　K__　F__；

（2）用圆弧半径 R 指定圆心位置

G02　X（U）__　Z（W）__　R__　F__；

G03　X（U）__　Z（W）__　R__　F__；

指令功能：G02、G03 指令表示刀具以 F 进给速度 从圆弧起点向圆弧终点进行圆弧插补。

指令说明：① G02 为顺时针圆弧插补指令。

② G03 为逆时针圆弧插补指令。

朝着圆弧所在平面的另一坐标轴的负方向看，顺时针为 G02，逆时针为 G03。如图 3-2-5 所示。

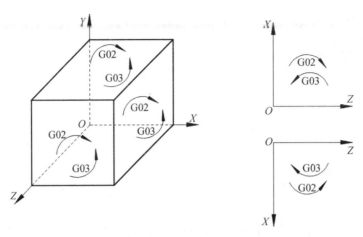

图 3-2-5 顺、逆圆弧方向判断

X、Z 为圆弧终点坐标值，U、W 为圆弧终点相对于圆弧起点的坐标增量。R 为圆弧半径，圆弧角度 θ 在 $0°\sim180°$，R 为正值。圆弧角度 θ 在 $180°\sim360°$，R 为负值。R 编程只适用于非整圆的圆弧插补。圆弧中心地址 I、K 确定。无论是绝对坐标，还是增量坐标，I、K 都采用增量值。圆心坐标 I、K 是起点至圆心的矢量在 X 轴和 Z 轴上的分矢量，方向一致取正，相反为负，如图 3-2-6 所示。

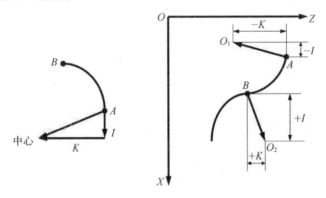

图 3-2-6 I、K 的确定

【例 3-2-1】 如图 3-2-7 所示，走刀路线为 A-B-C-D-E-F，试分别用绝对坐标方式和增量坐标方式编程。

程序如下：

绝对坐标编程

G03 X34 Z-4　R4　F50;　　A→B

G01 Z-20;　　B→C

G02 Z-40 R20;　　C→D

G01 Z-58;　　D→E

G02 X50 Z-66 R8;　　E→F

增量坐标编程

G03 U8 W-4　R4 F50;　　A→B

G01 W–16；　　B → C
G02 W–20 R20；　　C → D
G01 W–18；　　D → E
G02 U16 W–8R8；　　E → F

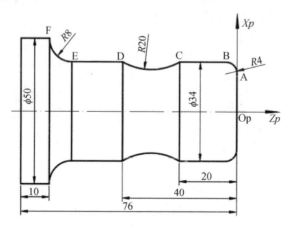

图 3-2-7　加工工件举例

2. 刀尖圆弧半径补偿指令（G41、G42、G40）

建立刀尖半径补偿的原因：编程时，通常都将车刀刀尖作为一点来考虑，但实际上刀尖处存在圆角，如图 3-2-8 所示。编程时按假想刀尖轨迹编程（即工件的轮廓与假想刀尖 P 重合），而车削时实际起作用的切削刃是圆弧切点 A、B。

当用按理论刀尖点编出的程序进行端面、外径、内径等与轴线平行或垂直的表面加工时，是不会产生误差的。但在进行倒角、锥面及圆弧切削时，则会产生少切或过切现象，如图 3-2-9 所示。具有刀尖圆弧自动补偿功能的数控系统能根据刀尖圆弧半径计算出补偿量，避免少切或过切现象的产生。

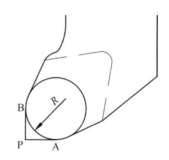

图 3-2-8　刀具半径与假想刀尖

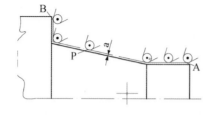
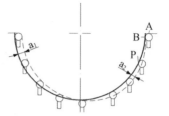

图 3-2-9　少切或过切现象

指令格式：G41（G42、G40）G01（G00）X（U）_ Z（W）_；
指令功能：G41 为刀尖圆弧半径左补偿，即沿刀具运动方向看，刀具位于工件的左侧；
G42 为刀尖圆弧半径右补偿，即沿刀具运动方向看，刀具位于工件的右侧；
G40 是取消刀尖圆弧半径补偿，即使用 G41、G42 后必须用 G40 去取消偏置量，使刀具中心轨迹与编程轨迹重合。

补偿方向：从刀具沿工件表面切削运动方向看，刀具在工件的左边还是在右边，因坐标系变化而不同。

命令	后置刀架	前置刀架
G41	左补偿（内圆时）	右补偿（内圆时）
G42	右补偿（外圆时）	左补偿（外圆时）
G40	取消补偿	取消补偿

刀具运动轨迹示意图如图 3-2-10 所示。

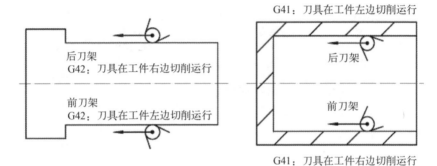

图 3-2-10　刀具运动轨迹示意图

补偿原则：取决于刀尖圆弧中心的动向，它总是与切削表面法向里的半径矢量不重合。因此，补偿的基准点是刀尖中心。通常，刀具长度和刀尖半径的补偿是按一个假想的刀刃为基准，因此为测量带来一些困难。把这个原则用于刀具补偿，应当分别以 X 和 Z 的基准点来测量刀具长度刀尖半径 R，以及用于假想刀尖半径补偿所需的刀尖形式号 0～9，如图 3-2-11 所示。只有在刀具数据库内按刀具实际放置情况设置相应的刀尖位置序号，才能保证正确的刀补。

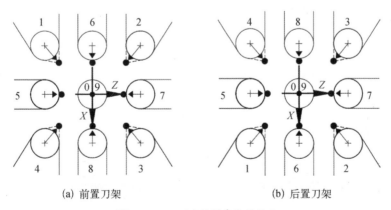

(a) 前置刀架　　　　　　　　(b) 后置刀架

图 3-2-11　刀尖位置参数的定义

G40/G41/G42 只能同 G00/G01 结合编程，不允许同 G02/G03 等其他指令结合编程。因此，在编入 G40/G41/G42 的 G00 与 G01 前后两个程序段中 X、Z 至少有一值变化。在调用新刀具前必须用 G40 取消补偿。在使用 G40 前,刀具必须已经离开工件加工表面。

3. 数控车床刀尖圆弧半径补偿功能的设置

刀尖圆弧半径补偿值可以通过刀具补偿设定界面设定,T 指令要与刀具补偿编号相对应,并且要输入刀尖位置序号,如图 3-2-12 所示。

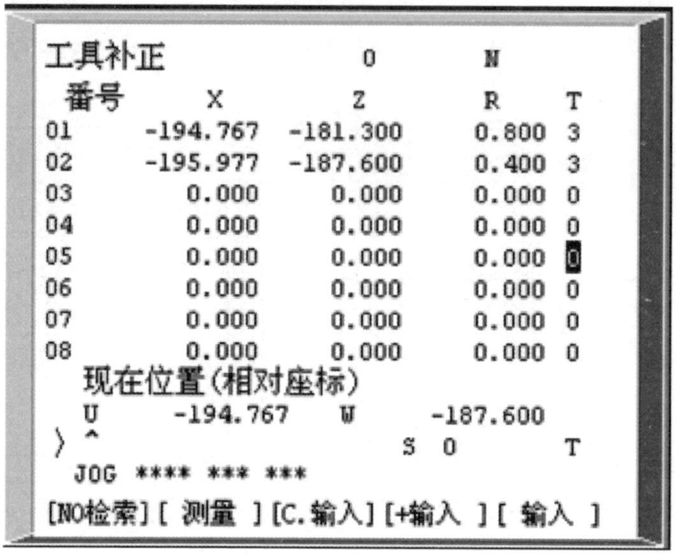

```
工具补正              O        N
番号     X        Z        R      T
01   -194.767  -181.300    0.800   3
02   -195.977  -187.600    0.400   3
03      0.000     0.000    0.000   0
04      0.000     0.000    0.000   0
05      0.000     0.000    0.000   0
06      0.000     0.000    0.000   0
07      0.000     0.000    0.000   0
08      0.000     0.000    0.000   0
现在位置(相对座标)
   U  -194.767   W    -187.600
 〉 ^
                        S  0       T
  JOG **** *** ***
[NO检索][ 测量 ][C.输入][+输入 ][ 输入 ]
```

图 3-2-12　刀尖圆弧半径补偿设置

在刀具补偿设定画面中,在刀具代码 T 中的补偿号对应的存储单元中,存放一组数据,除 X 轴、Z 轴的长度补偿值外,还有圆弧半径补偿值和假想刀尖位置序号(0 ~ 9),操作时,可以将每一把刀具的 4 个数据分别输入刀具补偿号对应的存储单元中,即可实现自动补偿,图示的 01 号刀具的刀尖圆弧半径值为 0.8 mm,刀尖方位序号为 3,02 号刀具的刀尖圆弧半径值为 0.4 mm,刀尖方位序号为 3。

【例 3-2-2】　车削图 3-2-13 所示零件,采用刀具补偿指令编程。

程序如下:

O1234;

……

G00 X30.0　Z5.0;	快进至 A0 点
G42 G01 X30.0　Z0.0;	刀尖圆弧半径右补偿 A0 到 A1
Z-30.0;	从 A1 点到 A2 点
X45.0　Z-50.0;	A2 点 -A3 点 -A4 点
G40 G01 X80.0　Z-40.0;	退刀并取消刀尖圆弧半径补偿从 A4 点到 A5 点

……

M30;

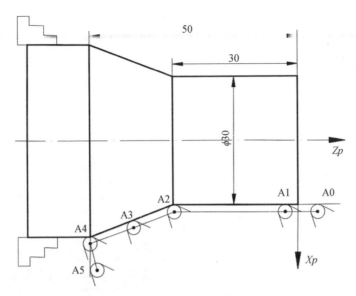

图 3-2-13　加工工件举例

刀尖圆弧半径补偿的注意事项：

① G40、G41、G42 都是模态指令，可相互注销。

② G40、G41、G42 只能用 G00、G01 结合编程，刀具半径补偿的建立和取消不应在 G02、G03 圆弧轨迹程序段上进行。

③ 在编入 G40、G41、G42 的 G00 与 G01 前后的两个程序段中，X、Z 值至少有一个值变化，否则产生报警。

④ 工件上有锥度、圆弧时，必须在精车锥度或圆弧的前一程序段建立半径补偿，一般在切入工件时的程序段建立半径补偿。

⑤ 在调用新刀前，必须取消刀具补偿，否则产生报警。

⑥ 必须在刀具补偿参数设定页面的刀尖圆弧半径处填入该把刀具的刀尖圆弧半径值，如图 3-2-12 所示中的 R0.8、R0.4 项，这时机床的数控装置会自动计算出应该移动的补偿量，作为刀尖圆弧半径补偿的依据。

⑦ 必须在刀具补偿参数设定页面的假想刀尖方向处填入该把刀具的假想刀尖号码，如图 3-2-12 所示中的 T 项，作为刀尖圆弧半径补正之依据。

⑧ 刀尖圆弧半径补偿 G41 或 G42 指令后，刀具路径必须是单向递增或单向递减。即指令 G42 后刀具路径如向 Z 轴负方向切削，不允许往 Z 轴正方向移动。即 Z 轴正方向移动前，必须用 G40 指令取消刀尖圆弧半径补偿。

⑨ 在 MDI 方式下，不能进行刀尖 R 补偿。

技能提升

如图 3-2-14 所示的圆弧阶梯轴零件，已知材料为 45 钢，毛坯尺寸为 φ55 棒料。要求分析零件的加工工艺，编写零件的数控加工程序。

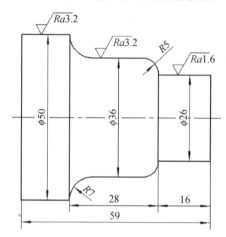

图 3-2-14　圆弧面轴零件图

1. 加工方案分析

（1）零件图分析

该零件由三处外圆（φ50、φ36、φ26）、两段倒圆（R7、R5）组成。

经计算各基点的坐标从右到左依次为 A（26，0）、B（16，-16）、C（36，-21）、D（36，-37）、E（50，-44）、F（50，-59）。编程原点设置在工件右端面的中心。

（2）确定装夹方案

该零件为轴类零件，轴心线为工艺基准，加工外表面用三爪自定心卡盘夹持 φ55 mm 外圆一次装夹完成加工。

（3）确定加工顺序及走刀路线

按先主后次，先粗后精的加工原则确定加工路线。

① 装夹 φ55 mm 外圆、车削端面；

② 粗加工 φ50 mm、φ36 mm、φ26 mm 外圆，留精加工余量 0.5 mm；

③ 精加工 R5、R7 圆弧面和 φ50 mm、φ36 mm、φ26 mm 外圆。

加工路线如图 3-2-15 所示。

（4）选择刀具及切削用量

① 采用 900 硬质合金机夹偏刀 T0101，用 G71 外圆粗加工循环粗加工。

② 切断，采用切槽刀（3 mm 刀宽）T0202。

根据零件的表面质量要求、零件的材料、刀具的

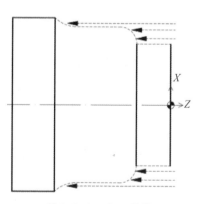

图 3-2-15　加工路线

材料等查切削用量表，选择计算刀具的切削参数。

（5）填写数控加工工序卡

圆弧面轴数控加工工序卡如表 3-2-1 所示。

表 3-2-1 圆弧面轴零件数控加工工序卡

数控加工工序卡				零件图号	材料名称		零件数量
					45 钢		1
设备名称	数控车床	系统型号	FANUC	夹具名称	三爪卡盘	毛坯尺寸	φ55×100
工序号	工序内容			刀具号	主轴转速 /（r/min）	进给量 （mm/r）	背吃刀量 /mm
1	车端面			T01	600	0.1	
2	外圆粗加工			T01	600	0.2	
3	外圆精加工			T01	1000	0.1	
4	切断加工			T02	500	0.05	

2. 编制加工程序

如表 3-2-2 所示。

表 3-2-2 圆弧面轴的数控加工程序单

零件号		零件名称	阶梯轴	编程原点	右端面中心
程序号	O0022	数控系统	FANUC	编制	
程序段号	程序内容			程序说明	
N10	G40 G21 G97 G99；				
N20	T0101；			选择 1 号刀（900 外圆车刀），刀具补偿号为 01	
N30	M03 S600；			参数设定，主轴正转，设定粗车转速为 600r/min	
N40	M08；			打开切削液	
N50	G00 X60.0 Z3.0；			刀具快速定位到工件附近（60，3）	
N60	G01 X0.0 F0.2；			车削右端面	
N70	Z0.0；				
N80	X50.5；			车外圆柱面至 φ50.5（粗加工）	
N90	Z-70.0；				
N100	G00 X100.0；			退刀	
N110	Z2.0；				
N120	X36.5；			车 φ36.5 圆柱面（粗加工）	
N130	G01 Z-36.5；				
N140	G00 X100；			退刀	

N150	Z2;	
N160	X26.5; ;	车 φ26.5 圆柱面（粗加工）
N170	G01 Z−15.5;	
N180	G00 X100;	退刀
N190	Z50.0;	
N200	M03 S1000;	设定精车转速为1000r/min
N210	G42 G00 X26.0 Z2.0;	
N220	G01 Z−16.0 F0.1;	精车 φ26 外圆
N230	G03 X36.0 Z−21.0 R5.0;	车 R5 圆弧
N240	G01 Z−37.0;	
N250	G02 X50 Z−44.0 R7.0;	车 R7 圆弧
N260	G01 Z−70;	车 φ50 外圆
N270	G00 X100;	退刀
N280	Z100;	
N290	M03 S500 T0202;	调主轴转速 500r/min，选切槽刀 T0202，刀宽 3mm
N300	G00 X100 Z−62.0;	快速到达（100，−62）位置
N310	X55.0;	快速到达（55，−62）位置，准备切断工件
N320	G01 X2.0 F0.05;	切断，保留 2mm 直径，没有完全切断
N330	G00 X100;	撤刀，快速撤出，到达（100，−62）位置
N340	Z200;	快速到达（100，200）位置
N350	M05;	主轴停止
N360	M30;	程序停止，程序光标返回到程序名处

第三节 锥面阶梯轴零件的工艺分析与编程

基础知识

锥度面配合的同轴度高、拆卸方便，配合的间隙或过盈可以调整，密封性和自锁性好。本任务是其他特征面和锥度面的结合，总体特点就是零件沿着一个坐标轴（一般都是向 Z 轴负方向）方向看去，零件在另一个坐标轴（X 轴）上的外形坐标值都是逐渐增大或减小的。即沿着 Z 轴负方向看零件的 X 值总是在增大或减小的，没有下图所示的互大互小的凹凸部分。

一、锥面阶梯轴零件的车削加工刀具知识

1. 数控车车削刀具

（1）尖形车刀

车削精度要求不高的成型面可以采用以直线形切削刃为特征的尖形车刀，如图 3-3-1 所示。

选择尖形车刀的原则是在保证不干涉的情况下，尽量采用刀尖角较大的车刀，以提高刀具的强度。

（2）圆弧形车刀

加工精度要求较高的成型面可以采用圆弧形车刀，如图 3-3-2 所示。

刀位点不在圆弧上，而在该圆弧的圆心上，编程时要进行刀具半径补偿。

圆弧形车刀可以用于车削内、外圆表面，特别适宜于车削精度要求较高的凹曲面或大外圆弧面。

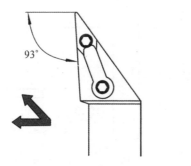

图 3-3-1 尖形车刀　　　　图 3-3-2 圆弧形车刀

（3）成型车刀

常用的成型车刀有整体式成型车刀和棱形成型车刀，如图 3-3-3 所示。

成型车刀刀刃的形状和尺寸完全决定了加工零件的轮廓形状，具有较强的专用性。

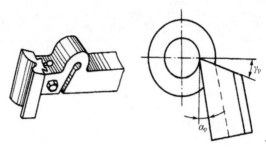

图 3-3-3 成型车刀

2. 常用车刀的几何参数

（1）车成型面的尖形车刀的几何参数

尖形车刀的几何参数主要指车刀的几何角度，如图 3-3-4 所示。

加工时应结合加工的特点如走刀路线及加工干涉等进行全面考虑。

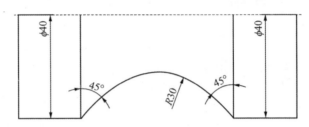

图 3-3-4 车刀的几何角度

尖形车刀加工圆弧时，如图 3-3-5 所示；由于背吃刀量的不断变化，因此必须使用程序控制其加工轨迹。

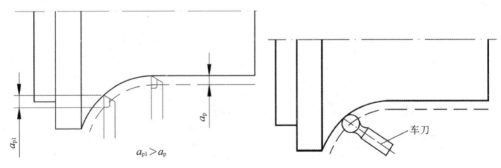

图 3-3-5 尖形车刀加工圆弧时背吃刀量的变化

图 3-3-6 圆弧形车刀加工圆弧

（2）圆弧形车刀的几何参数

① 圆弧形车刀的选用。

圆弧形车刀具有宽刃切削（修光）性质，能使精车余量相当均匀，从而改善切削性能，还能一刀车出跨多个象限的圆弧面。圆弧形车刀加工圆弧如图 3-3-6 所示。

② 圆弧形车刀的几何参数。

圆弧形车刀的几何参数主要有：前角，后角外，车刀圆弧切削刃的形状及半径。

选择车刀圆弧半径的大小原则：车刀切削刃的圆弧半径应当小于或等于零件凹形轮廓上

的最小曲率半径，以免发生加工干涉；该半径不宜选择太小，否则既难于制造，还会因其刀头强度太弱或刀体散热能力差，使车刀容易受到损坏。

3. 外圆车刀刀具参数

外圆尖形车刀的主要参数有：前角、后角、主偏角、副偏角、刀尖角、刃倾角、刀尖半径。

如图 3-3-7 所示，螺纹和内孔车刀也有上述参数。每类刀具切割不同形状零件时选择的刀具参数不同。需要查阅专门的刀具工艺手册。

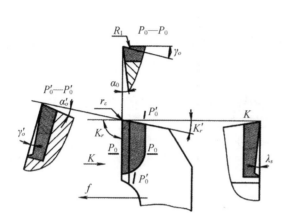

图 3-3-7　尖形车刀的主要参数

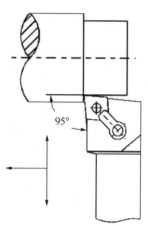

图 3-3-8　95° 前角外圆车刀

4. 常用外圆车刀

夹固式车刀前角常用的有 45° 、75° 、90° 、93° 和 95° 外圆车刀。如图 3-3-8 所示的最常用的 95° 前角外圆车刀。

二、编程指令

1. 内外直径（轴向）的切削循环 G90

（1）圆柱面切削循环指令 G90（图 3-3-9）

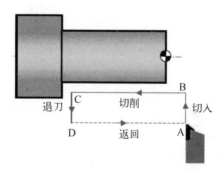

图 3-3-9　G90 圆柱面切削循环示意图

格式：G90　X（U）__ Z（W）__ F __；

其中：X、Z——终点的绝对坐标；

U、W——终点相对于起点的增量坐标；

F——进给速度。

指令功能：G90 指令将一系列连续加工动作，如"切入—切削—退刀—返回"，用一个循环指令完成，从而简化程序。该指令用在径向余量比轴向余量多时，简化编程。

【例 3-3-1】 应用圆柱面切削循环功能加工下图 3-3-10 所示零件。

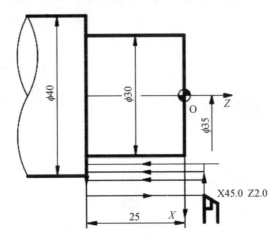

图 3-3-10　G90 圆柱面切削循环加工举例

程序如下：

O2311；

N5 G21 G40 G99 G97；

N10 T0101；

N20 M03 S1000；

N30 G00 X45.0 Z2.0；　　　　　　　// 起刀位置

N40 G90 X40.0 Z-25.0 F0.2；　　　　// 切削循环

N50 X35.0；　　　　　　　　　　　// 第二刀

N60 X30.0；　　　　　　　　　　　// 第三刀，切削到尺寸

N70 G00 X100.0；

Z100.0；

N80 M05；

N90 M30；

（2）圆锥面循环指令 G90

格式：G90　X（U）＿Z（W）＿R＿F＿；

其中：X、Z——终点的绝对坐标；

U、W——终点相对于起点的增量坐标；

R——切削起点与切削终点的直径值除以 2，（必须指定锥体的"R"值）；

F——进给速度。

指令功能：切削循环功能及用法与圆柱切削循环功能相同。

R－正负的判断：

如果切削起点的 X 向坐标小于终点的 X 向坐标，R 值为负，反之为正。

如图 3-3-11 所示。

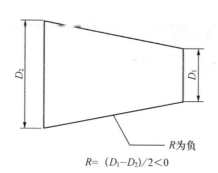 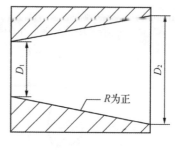

$$R=(D_1-D_2)/2<0 \qquad\qquad R=(D_2-D_1)/2>0$$

图 3-3-11　R 正负值的判断

【例 3-3-2】　应用 G90 圆锥面切削循环功能加工下图 3-3-12 所示零件。

程序如下：

……

G00 X70. 0 Z5.0；	起刀位置
G90 X60.0 Z–35.0 R–5.0 F0.3；	切削循环
X55.0；	第二刀
X50.0；	第三刀
X45.0；	第四刀
X40.0；	第五刀，切削到尺寸
G00 X100.0；	
Z100.0；	

……

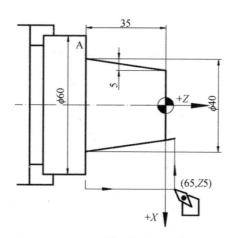

图 3-3-12　G90 圆锥面切削循环加工举例

2. 端面切削循环 G94

（1）平端面切削循环 G94（图 3-3-13）

格式：G94　X（U）＿ Z（W）＿　 F＿；

其中：X、Z——终点的绝对坐标；

　　　U、W——终点相对于起点的增量坐标；

F——进给速度。

指令功能：该指令用于直端面车削循环，简化编程。

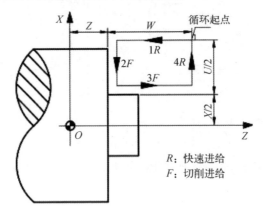

图 3-3-13　G94 台阶面切削循环示意图

（2）锥端面切削循环 G94（图 3-3-14）

格式：G94X（U）Z（W）R F；

其中：X、Z——终点的绝对坐标；

　　　U、W——终点相对于起点的增量坐标；

R 端面切削的起点相对于终点在 Z 轴方向的坐标分量。当起点 Z 向坐标小于终点 Z 向坐标时 R 为负，反之为正。

　　　F——进给速度。

指令功能：用于锥端面循环车削。

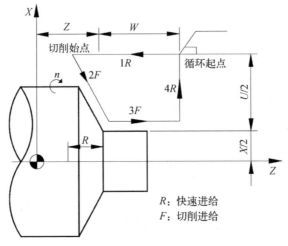

图 3-3-14　G94 锥端面切削循环示意图

3. 外圆粗车固定循环 G71

格式：G71 U（△d）R（e）；

G71 P（ns）Q（nf）U（△u）W（△w）F（f）S（s）T（t）；

其中：从顺序号 ns 到 nf 的程序段，指定 A 及 B 间的移动指令。

　　△d——吃刀量（半径指定），无符号。切削方向依照 AA' 的方向决定（图3-3-15）；

　　e——每次切削结束的退刀量；

　　ns——精车加工程序第一个程序段段的顺序号；

　　nf——精车加工程序最后一个程序段的顺序号；

　　△u——X 轴 方向精加工余量的距离及方向（以直径表示）；

　　△w——Z 轴方向精加工余量的距离及方向；

　　f——粗加工进给速度；

　　s——主轴转速；

　　t——刀具号；

　　指令功能：G71 指令的粗车是以多次 Z 轴方向走刀以切除工件余量，为精车提供一个良好的条件，适用于毛坯是圆钢的工件。

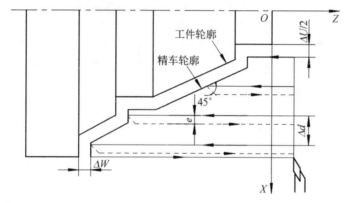

图 3-3-15　G71 刀具轨迹示意图

△u、△w 精加工余量的正负判断如下图 3-3-16 所示：

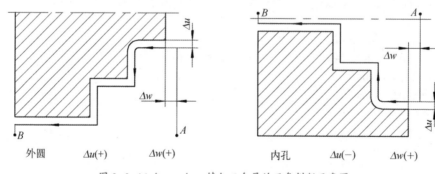

图 3-3-16 △u、△w 精加工余量的正负判断示意图

　　F、S 或 T 功能在（G71）循环时无效，而在（G70）循环时 ns～nf 程序段中的 F、S、或 T 功能有效；

　　① ns～nf 程序段中恒线速功能无效；

　　② ns～nf 程序段中不能调用子程序；

　　③ 起刀点 A 和退刀点 B 必须平行；

④ 零件轮廓 *A* ~ *B* 间必须符合 *X* 轴、*Z* 轴方向同时单向增大或单向减少；

⑤ *ns* 程序段中可含有 G00、G01 指令，不许有 *Z* 轴运动指令。

【例 3-3-3】 应用 G71 外圆粗车固定循环功能加工下图 3-3-17 所示零件。

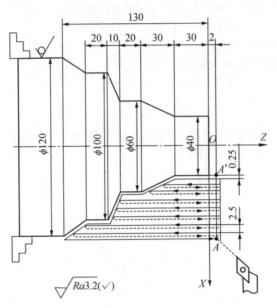

图 3-3-17　G71 外圆粗车固定循环加工举例

程序如下：

O1235；

N10 G40 G97 G99 G21；

N20 T0101 M03 S600；

N30 G00X122.0 Z2.0 M08；　　// 循环起点

N40 G71 U2.0 R0.5；　　// 外圆粗车固定循环

N50 G71 P50 Q110 U0.5 W0.02 F0.2；

N60 G00 X40.0；　　//ns 第一段，不允许有 Z 方向的定位

N70 G01 Z-30.0；

N80 X60.0 Z-60.0；

N90 Z-80.0；

N100 X100.　Z-90.0；

N110 Z-110.0；

N120 X120.0　Z-130.0；　　//nf 最后一段

N130 G00　X100.0

N140　Z100.0 M09；

N150 M05；　　// 主轴停

N160 M30；　　// 程序停止

4. 端面车削固定循环 G72

格式：G72 W（△*d*）R（*e*）；

G72 P（*ns*）Q（*nf*）U（△*u*）W（△*w*）F（*f*）S（*s*）T（*t*）；

其中：△*d*、*e*、*ns*、*nf*、△*u*、△*w*、*f*、*s* 及 *t* 的含义与 G71 相同。*ns* 程序段中可含有 G00、G01 指令，不许含有 X 轴运动指令。（如下图 3-3-18 所示）

指令功能：除了是平行于 *X* 轴外，本循环与 G71 相同。但粗车是以多次 *X* 轴方向走刀来切除工件余量，适用于毛坯是圆、钢各台阶面直径差较大的工件。

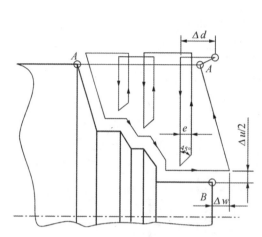

图 3-3-18　G72 刀具轨迹示意图

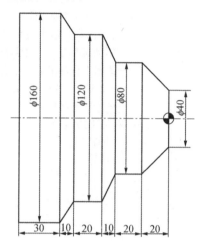

图 3-3-19　G72 端面车削固定循环加工举例

【例 3-3-4】　应用 G72 端面车削固定循环功能加工下图 3-3-19 所示零件。

程序如下：

O1236；

N5 G40 G97 G99 G21；

N10 T0101；

N20 M03 S600；

N30 G00 G41 X165.0 Z2.0 M08；

N40 G72 W4.0 R1.0；

N50 G72 P60 Q130 U0.5 W0.02 F0.2；

N60 G00 Z-110.0；　//*ns* 此段不允许有 *X* 方向的定位。

N70 G01 X160.0 F0.15；

N80 Z-80.0；

N90 X120　Z-70.0；

N100 Z-50.0；

N110 X80.0　Z-40.0；

N120 Z-20.0；

N130 X40.0　Z0.；　//*nf*

N140 G00 G40　X200.0　Z200.0　M09；

N150 M05；

N160 M30；

5. 成型加工复式循环 G73

格式：G73 U（$\triangle i$）W（$\triangle k$）R（d）；

G73 P（ns）Q（nf）U（$\triangle u$）W（$\triangle w$）F（f）S（s）T（t）；

其中：A 和 B 间的运动指令指定在从顺序号 ns 到 nf 的程序段中。

　　　 $\triangle i$——X 轴方向退刀距离（毛坯余量，半径表示）；

　　　 $\triangle k$——Z 轴方向退刀距离（毛坯余量）；

　　　 d——分割次数，这个值与粗加工重复次数相同；

　　　 ns——精加工程序第一个程序段的顺序号；

　　　 nf——精加工程序最后一个程序段的顺序号；

　　　 $\triangle u$——X 轴方向精加工余量的距离及方向（以直径表示）；

　　　 $\triangle w$——Z 轴方向精加工余量的距离及方向。（图 3-3-20）；

　　　 f——粗加工进给量；

　　　 s——主轴转速；

　　　 t——刀具号。

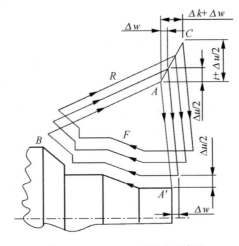

图 3-3-20　 G73 刀具轨迹示意图

　　指令功能：本功能用于重复切削一个逐渐变换的固定形式，用 G73 循环指令，可有效的切削一个用粗加工锻造或铸造等方式已经加工成型的工件。

　　注意：ns ~ nf 程序段中的 F、S 或 T 功能在循时环无效，而在 G70 时，程序段中的 F，S 或 T 功能有效。

　　加工余量的计算：加工余量 =（毛坯直径—零件最小直径）/2 的结果减去 1。（减去 1 是为了少走一次空刀）

　　$\triangle u$、$\triangle w$ 精加工余量的正负判断如图 3-3-21 所示：

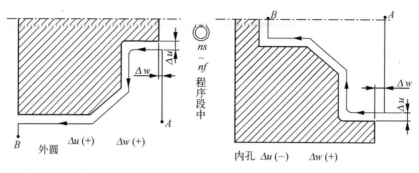

图 3-3-21 Δu、Δw 精加工余量的正负判断示意图

【例 3-3-5】 应用 G73 循环功能加工图 3-3-22 所示零件。

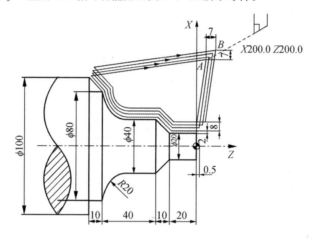

图 3-3-22 G73 循环加工举例

程序如下：

O1237；

N5 G40 G97 G99 G21；

N10 T0101；

N20 M03 S800；

N30 G00 G42 X140.0 Z5.0 M08；

N50G73U9.5W9.5R3；

//X 向退刀量 9.5 mm，Z 向退刀量 9.5 mm，循环 3 次

N60 G73 P70 Q130 U1. 0 W0.5 F0.3；//X 向精加工余量 1 mm，Z 向精加工余量 0.5 mm

N70 G00 X20. 0 Z0.； //ns

N80 G01 Z−20.0 F0.15；

N90 X40.0 Z−30.0；

N100 Z−50.0；

N110 G02 X80.0Z−70.0 R20.0；

N120 G01 X100.0 Z−80.0；

N130 X105.0； //nf

N140 G00 G40 X200.0　Z200.0;

N150 M30;

6. 精加工循环 G70

格式: G70 P（*ns*）Q（*nf*）

其中: *ns*——精加工形状程序的第一个段号;

nf——精加工形状程序的最后一个段号;

指令功能: 当用 G71, G72、G73 粗加工完毕后,用 G70 精车削,切除粗加工中留下的余量。

注意:

① 在 G71、G72、G73 程序段中规定的 F,S 和 T 功能无效,但在执行 G70 时顺序 *ns* 和 *nf* 之间指定的 F、S 和 T 有效;

② 当 G70 循环加工结束时,刀具返回到起点并读下一个程序段;

③ G70 到 G73 中 *ns* 到 *nf* 间的程序段不能调用子程序。

【例 3-3-6】 应用 G71 和 G70 粗、精加工循环指令加工如图 3-3-23 所示零件。

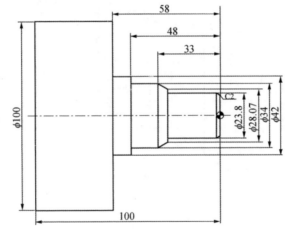

图 3-3-23　G71 和 G70 循环加工举例

程序如下:

O1238;

G21 G99 G40;

N010 T0101; // 刀具补偿

N020 M03 S800;

N030 G00 X105.0 Z2.0; // 快速接近工件

N040 G71 U2.0 R1.0; // 粗车削循环

N050 G71 P060 Q150 U1.0 W1.0F0.2;

N060 G00 X21.8; //*ns*

N070 G01 X23.8 Z-2.0 F0.1;

N080 Z-21.0;

N090 X28.07;

N100 X34.0Z-33.0;

N110 Z-48.0;

N120 X42.0；

N130 Z−58.0；

N140 X100.0；

N150 Z−100.0； //*nf*

N160 G70 P060 Q150； // 精加工循环

N170 G00 X150. Z100.； // 退出到安全位置

N180 M05；

N190 M30；

【例 3−3−7】 应用 G71 和 G70 粗、精加工循环指令加工如图 3−3−24 所示零件。

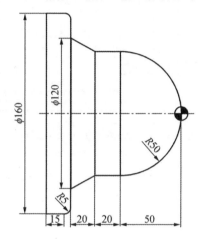

图 3−3−24 G71 和 G70 循环加工举例

程序如下：

O1239；

G21 G99 G40 G97；

N10 T0101；

N20 M43；

N30 M03 S200；

N40 G00 X165. 0Z2.0；

N50 G71 U2. 0R1.0；

N60 G71 P70 Q160 U0.5 W0.2 F0.3；

N70 G00 X161.0；

N80 G01 Z−1.0 F0.1；

N90 X0.；

N100 G03 X100. 0W−50.0 R50.0；

N110 G01 W−20.0；

N120 X120.0 W−20.0；

N130 X150.0；

N140 G03 X160. 0 W−5. 0 R5.0；

N150 G01 W−15.0；

N160 G70 P70 Q160；

N170 G00 X150. 0 Z50.0；

N180 M05；

N190 M30；

【例3-3-8】 应用G72和G70粗、精加工循环指令加工如图3-3-25所示零件。

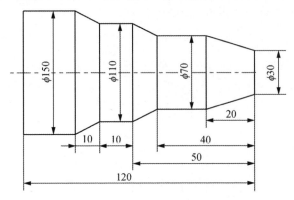

图 3-3-25　G72 和 G70 循环加工举例

程序如下：

O1240；

G21 G40 G99；

M03 S600；

T0101 M08；

G00　X165 Z2；

G72 W1 R0.5；

G72 P1 Q2 U0.5W0.02F0.2；

N1　G00　Z-120；

　　　G01　X150　F0.15；

　　　　　Z-70；

　　　　　X110　Z-60；

　　　Z-50；

　　　　　X70Z-40；

　　　Z-20；

N2　　　X30Z0；

G70 P1 Q2；

G00　X100；

　　　　Z100；

M05；

M30；

【例3-3-9】 应用G73和G70粗、精加工循环指令加工如图3-3-26所示零件。

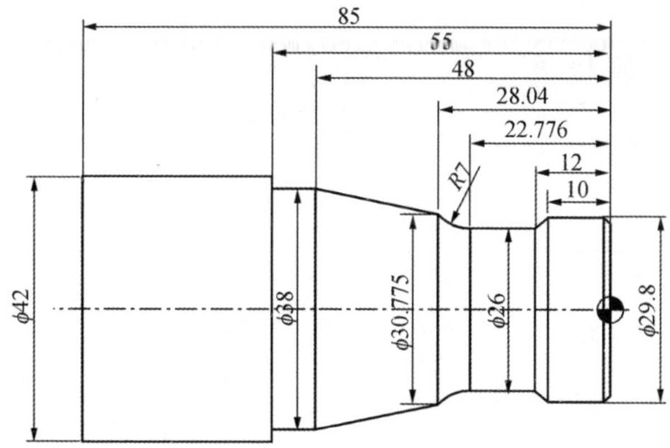

图 3-3-26　G73 和 G70 循环加工举例

程序如下：

O1241；

G21 G99 G40 G97；

N10 M03 S1200；

T0101；

N20　G00 X44.0　Z-1.0；// 接近工件

N30　G01 X-1.0 F0.05；// 车削端面

N40　Z2.0；

N50 G00　X40. Z2.0；

N55　G73 U7.0 W1.0 R7.0；// 成型车循环

N60　G73 P70 Q160 U0.5 W0.02 F0.1；

N70　G00 X27.8 Z2.0 S1500 M03；

N80　G01 Z0. F0.05；

N90　X29.8 Z-1.0；

N100　Z-10.0；

N110　X26. Z-12.0；

N120　Z-22.776；

N130　G02 X30.775 Z-28.041 R7.0；

N140　G01 X38.0 Z-48.；

N150　Z-55.0；

N160　X42.0；

N170　G00 X80.0 Z1.0；

N180　G70 P70 Q160；// 精加工循环

N190　G0 X200.0 Z200.；// 退出到安全位置

N200　M05；

N220　M30；

技能提升

如图 3-3-27 所示的锥面阶梯轴零件，已知材料为 45 钢，毛坯尺寸为 φ60 棒料。要求分析零件的加工工艺，编写零件的数控加工程序。

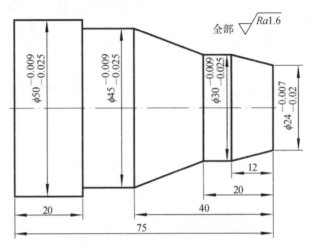

全部 $\sqrt{Ra1.6}$

图 3-3-27　锥面阶梯轴零件图

1. 加工方案分析

（1）零件图分析

尺寸精度和表面粗糙度要求较高，可通过选用合适的刀具及其几何参数，正确的粗、精车加工路线，合理的切削用量及冷却润滑等措施来保证。零件图各基点的坐标可以通过取上下偏差的中值来计算，从右到左依次为 A（23.987，0）、B（29.983，-12）、C（29.983，-20）、D（44.983，-40）、E（44.983，-55）、F（49.983，-55）、G（49.983，-75）。编程原点设置在工件右端面的中心。

（2）确定装夹方案

采用三爪自定心卡盘进行定位与装夹。

（3）确定加工顺序及走刀路线

车削端面，并使用 G71 外圆粗加工循环指令逐层切削加工，每层深入背吃刀量 1.5 mm，退刀 0.5 mm 后继续深入进给切削加工。使用 G70 外圆精加工循环加工外圆至尺寸精度。最后切断。

（4）选择刀具及切削用量

① 采用 90° 硬质合金机夹偏刀 T0101，用 G71 外圆粗加工循环粗加工。

② 采用 55° 硬质合金机夹偏刀 T0202，用 G70 外圆精加工循环精加工。

③ 切断，采用切槽刀（3 mm 刀宽）T0303。

根据零件的表面质量要求、零件的材料、刀具的材料等查切削用量表，选择计算刀具的切削参数。

（5）填写数控加工工序卡

圆弧面轴数控加工工序卡如表 3-3-1 所示。

表 3-3-1　锥面阶梯轴零件数控加工工序卡

数控加工工序卡				零件图号	材料名称		零件数量
					45 钢		1
设备名称	数控车床	系统型号	FANUC	夹具名称	三爪卡盘	毛坯尺寸	φ50×120
工序号	工序内容			刀具号	主轴转速 /（r/min）	进给量 （mm/r）	背吃刀量 /mm
1	车端面			T01	600	0.1	
2	外圆粗加工			T01	600	0.2	1.5
3	外圆精加工			T01	1000	0.1	
4	切断加工			T02	500	0.05	

2. 编制加工程序

如表 3-3-2 所示。

表 3-3-2　锥面阶梯轴零件的数控加工程序单

零件号		零件名称	阶梯轴	编程原点	右端面中心
程序号	O0023	数控系统	FANUC	编制	
程序段号	程序内容			程序说明	
N10	G40 G21 G97 G99;				
N20	T0101;			选择 1 号刀（900 外圆车刀），刀具补偿号为 01	
N30	M03 S600;			参数设定，主轴正转，设定粗车转速为 600r/min	
N40	M08;			打开切削液	
N50	G00 X60.0 Z3.0;			刀具快速定位到工件附近（60，3）	
N60	G01 X0.0 F0.2;			车削右端面	
N70	Z0.0;				
N80	X60;				
N90	G00　X60.0 Z3.0;			快速到达循环起点（60，3）	
N100	G71 U1.5 R0.5;			G71 外圆粗加工循环	
N110	G71 P120 Q190 U0.5 W0.02 F0.1;			N110 ～ N190 之间为精加工程序段	
N120	G00　X23.986;				
N130	G01　Z0;				
N140	X29.983 Z-12.0;				
N150	Z-20.0;				

续表

N160	X44.983 Z-40.0;	
N170	Z-55.0;	
N180	X49.983;	
N190	Z-78.0;	
N200	M03 S1000;	设定精车转速为 1000r/min
N210	G70 P120 Q190;	G70 外圆精加工循环
N220	G00 X100.0;	退刀
N230	Z100.0;	
N290	M03 S500 T0202;	调主轴转速 500r/min，选切槽刀 T0202，刀宽 3mm
N300	G00 X100 Z-78.0;	快速到达（100，-78）位置
N310	X55.0;	快速到达（55，-78）位置，准备切断工件
N320	G01 X2.0 F0.05;	切断，保留 2mm 直径，没有完全切断
N330	G00 X100;	撤刀
N340	Z200;	快速到达（100，200）位置
N350	M05;	主轴停止
N360	M30;	程序停止，程序光标返回到程序名处

第四节　螺纹轴零件的工艺分析与编程

一、切槽／切断方法

1.槽的类型

在工件表面上车沟槽的方法叫切槽，槽的形状有外槽、内槽和端面槽。

2.切槽的方法（图 3-4-1）

① 加工外槽时用外切槽刀，且沿着工件中心方向切削；加工内槽时用内切槽刀，且沿着工件大径方向切削；加工端面槽时可用外切槽刀、内切槽刀或自磨刀具。

② 车削精度不高的和宽度较窄的矩形沟槽：可以用刀宽（主切削刃宽度）等于槽宽的切槽刀，直接采用 G01 直进法横向走刀一次将槽切出。

③ 车削精度要求较高的和宽度较宽的沟槽：主切削刃宽度小于槽宽，分几次直进法横向走刀，并在槽的两侧、槽底留一定的精车余量。切出槽宽后，然后根据槽深、槽宽，最后一刀纵向走刀精车至槽底尺寸。当切削到槽底时一般应暂停一段时间以光顺槽底。

④ 加工宽槽和多槽时：可用移位法、调用子程序、宏程序或 G75 切槽复合循环指令编程。

⑤ 车削较小的圆弧形槽，一般用成形车刀车削，或改变主偏角与副偏角的角度。

⑥ 车削梯形槽和倒角槽，一般用成形车刀、梯形刀直进法或左右切削法完成。或者先加工出与槽底等宽的直槽，再沿着相应梯形角度或倒角角度，移动车刀车削出梯形槽和倒角槽。

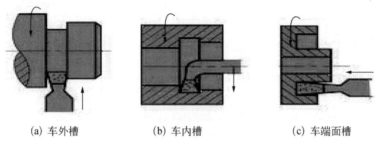

(a) 车外槽　　　　(b) 车内槽　　　　(c) 车端面槽

图 3-4-1　常用切槽的方法

3. 切断

切断要用切断刀，切断刀的形状与切槽刀相似。

常用的切断方法有直进法和左右借刀法两种。直进法常用于切断铸铁等脆性材料；左右借刀法常用于切断钢等塑性材料。

4. 切削用量的选择：

① 用高速钢切槽刀车钢料时：进给量 f=0.05 ~ 0.1 mm/r；切削速度 v=30 ~ 40 m/min；

② 用高速钢切槽刀车铸铁时：进给量 f=0.1 ~ 0.2 mm/r；切削速度 v=15 ~ 25 m/min；

③ 用硬质合金切槽刀车钢料时：进给量 f=0.1 ~ 0.2 mm/r；切削速度 v=80 ~ 120 m/min；

④ 用硬质合金切槽刀车铸铁时：进给量 f=0.15 ~ 0.25 mm/r；切削速度 v=60 ~ 100 m/min。

二、槽的加工指令

1. 直线插补指令：G01

2. 暂停指令：G04

用于车削沟槽时，为了提高槽底的表面质量，在加工到槽底时，暂停适当时间。

格式：G04 P__ 或 G04 X__

说明：地址码 X 或 P 为暂停时间，X 后面可用带小数点的数，单位为 S；地址码 P 后面不允许带小数点的数，单位为 ms。该指令使指令暂停执行，但主轴不停转，用于车削环槽、不通孔。G04 为非模态指令，只在本程序段内有效。

【例 3-4-1】　应用 G01 车如图 3-4-2 所示的槽，槽刀宽 3 mm，工件坐标零点在工件右端面中心。

程序如下：

O0111;

```
G21 G99 G40;
M03 S500 T0202;  //2号切槽刀
G00 X32.0 Z-22.0;
G01 X22.0 F0.15;
G04 P2000;
G01 X32.0 F0.3;
G00 X100.0;
Z100.0;
M05;
M30;
```

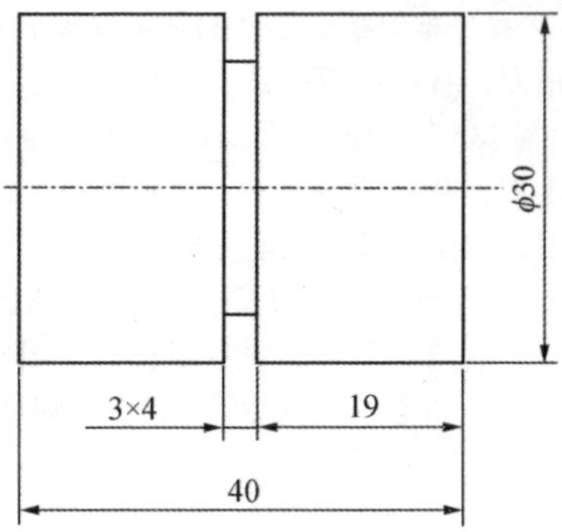

图 3-4-2 G01 车槽应用举例

3. 径向切槽循环指令 G75

格式：G75 R（e）；

G75 X（U）Z（W）P（Δi）Q（Δk）R（Δd）F；

其中：e——退刀量，该值是模态值；

X（U）、Z（W）——切槽终点处坐标值；

Δi——X 方向每次切削深度（该值用不带符号的值表示）；

Δk——刀具完成一次径向切削后，在 Z 方向的移动量；

Δd——刀具在切削底部的退刀量，d 的符号总是"+"值；

F——切槽进给速度。

指令功能：如果车削较宽的槽，需用多次直进法切槽，即编程时需多次使用 G01 指令。这会增加程序长度，给编程人员带来不便。这时可利用 G75 循环指令来编程。循环示意图如图 3-4-3 所示。G75 指令经过切槽循环后刀具又回到了循环起点。

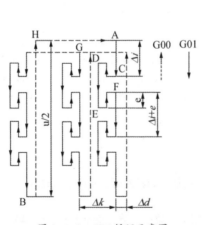

图 3-4-3 G75 循环示意图

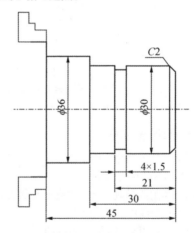

图 3-4-4 G75 循环加工举例

【例 3-4-2】 加工下图 3-4-4 所示零件，编写加工程序。

零件加工时选择三把刀具：

T0101：外圆端面粗加工刀具，刀尖角 55°；

T0202：外圆端面精加工刀具，刀尖角 35°，刀尖半径 R0.8；

T0303：切槽刀，刀宽 4 mm。

程序如下：

O0222；

T0101；// 外圆表面粗加工

G99 M03 S300；

G00 X38.0 Z2.0；

G71 U1.5 R0.5；

G71 P10 Q20 U0.5 W0.1 F0.5；

N10 G00 G42 X22.0；

G01 X30.0 Z-2.0 F0.2；

　　　Z-30.0；

N20　X38.0；

G00 X100.0；

T0202 S500；// 外圆表面精加工

G70 P10 Q20；

G40 G00 X100.0 Z50.0；

M05；

T0303；//4 mm 宽切槽刀沟槽加工

G99 M03 S1000

G00 X32.0 Z-21.0；

G75 R0.5；

G75 X27.0 Z-21.0 P1000 F0.1；

G00 X100.0 Z50.0；

M05；

M30；

【例 3-4-3】 加工图 3-4-5 所示零件，编写加工程序。

选择毛坯棒料直径为 φ40，夹持毛坯完成工件外圆、端面、沟槽以及切断加工。

以工件右端面中心为工件坐标系原点。

零件加工时选择三把刀具：

T0101：外圆端面粗加工刀具，刀尖角 55°；

T0202：外圆端面精加工刀具，刀尖角 35°，刀尖半径 R0.8；

T0303：切槽刀，刀宽 4 mm，切槽深度 25 mm，对刀时注意刀位点的选择。

程序如下：

O0223；

　T0101；// 外圆表面粗加工

　G98 M03 S300；

　G00 X41.0 Z2.0；

　G71 U2.0 R0.5；

　G71 P10 Q20 U0.5 W0.1 F80.0；

N10 G00 G42 X19.975；

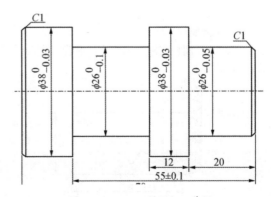

图 3-4-5　G75 循环加工举例

```
G01 X25.975 Z-1.0 F40.0；
    Z-20.0；
    X37.985；
N20 Z-75.0；
  T0202 S500；// 外圆表面精加工
  G70 P10 Q20；
G40 G00 X100.0 Z50.0；
M05；
T0303；// 切槽加工
  M03 S800
  G00 X40.0 Z-36.1；
  G75 R0.5；
  G75 X26.5 Z-54.9 P2000 Q3800 F0.1；
  G00 Z-36.0；
  G01 X25.95 F40.0；
    Z-55.0；
    X39.0；
    Z-74.0；
    X15.0；
  G00 X37.985；
    Z-73.0；
  G01 X35.985 Z-74.0；
    X2.0；
  G00 X100.0；
    Z50.0；
  M05；
  M30；
```

三、螺纹车削的加工工艺

1. 螺纹的种类

（1）外螺纹

螺纹是在圆柱或圆锥表面上，沿着螺旋线所形成的具有规定牙型的连续凸起。螺旋线见图 3-4-6（a）。

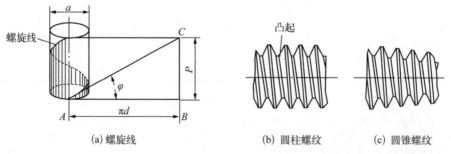

(a) 螺旋线 (b) 圆柱螺纹 (c) 圆锥螺纹

图 3-4-6 螺纹的种类

在圆柱表面上所形成的螺纹称为圆柱螺纹，见图3-4-6（b）。

在圆锥表面上所形成的螺纹称圆锥螺纹，见图3-4-6（c）。

在圆柱或圆锥外表面上所形成的螺纹称外螺纹，见图3-4-6（b）、（c）。

（2）内螺纹

在内圆柱或内圆锥表面上所形成的螺纹称内螺纹，见图3-4-7。

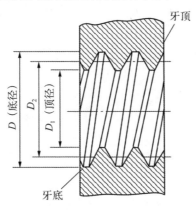

图3-4-7 内螺纹

（3）单、多线与左右旋螺纹

沿一条螺旋线所形成的螺纹称单线螺纹，见图3-4-8（a）。沿两条或两条以上轴向等距分布的螺旋线所形成的螺纹称多线螺纹，如图3-4-8（b）、（c）所示。

顺时针旋转时旋入的螺纹称右旋螺纹，见图3-4-8（a）。逆时针旋转时旋入的螺纹称左旋螺纹，见图3-4-8（b）。

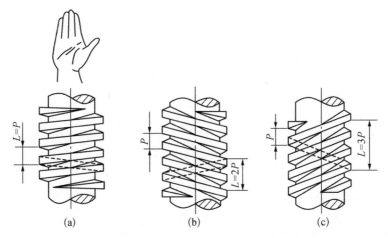

图3-4-8 单、多线与左右旋螺纹

2. 螺纹的用途

三角螺纹按其规格及用途不同，可分为普通螺纹、英制螺纹和管螺纹三种。三角螺纹常用于固定、连接、调节或测量等处。对普通螺纹又有普通粗牙螺纹和普通细牙螺纹。普通粗牙螺纹不注螺距，普通细牙螺纹多用于薄壁零件。

3. 螺纹的主要参数

常用螺纹的主要参数如图图 3-4-9 所示。

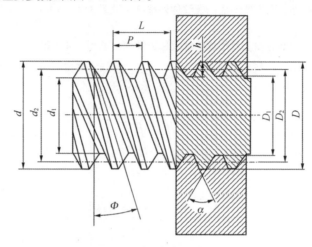

图 3-4-9　螺纹的主要参数

① 大径 d、D：与外螺纹的牙顶（或内螺纹牙底）相重合的假想圆柱面的直径；这个直径是螺纹的公称直径（管螺纹除外）。

② 小径 d_1、D_1：与外螺纹的牙底（或内螺纹牙顶）相重合的假想圆柱面的直径。常用作危险剖面的计算直径。

③ 中径 d_2、D_2：是一假想的与螺栓同心的圆柱直径，此圆柱周向切割螺纹，使螺纹在此圆柱面上的牙厚和牙间距相等。

④ 螺距 P：螺距是相邻两螺牙在中径线上对应两点间的轴向距离，是螺纹的基本参数。

⑤ 线数：螺纹的螺旋线根数。沿一条螺旋线形成的螺纹称为单线螺纹，沿两条或两条以上在轴向等距分布的螺旋线所形成的螺纹称多线螺纹。

⑥ 导程 L：螺栓在固定的螺母中旋转一周时，沿自身轴线所移动的距离。在单头螺纹中，螺距和导程是一致的，在多头螺纹中，导程等于螺距和线数的乘积。

⑦ 升角 Φ：螺纹中径上螺旋线的切线与垂直于螺纹轴心线的平面之间的夹角。

⑧ 牙型角 α：是螺纹牙在轴向截面上量出的两直线侧边间的夹角。

⑨ 牙廓的工作高度：是螺栓和螺母的螺纹圈发生接触的牙廓高度。牙廓的高度是沿径向测量的。工作高度等于外螺纹外径和内螺纹内径之差的一半。

4. 螺纹的加工方法

（1）车削螺纹

低速车削普通螺纹，主要有图 3-4-10 所示的三种加工方法。

① 直进法。车削时只朝 X 方向进给，在几次行程后，把螺纹加工到所需尺寸和表面粗糙度。

② 左右切削法。车螺纹时，除了朝 X 方向进行切削外，同时还进行了 Z 方向左右的微量进给，经过几次切削后，把螺纹加工到尺寸。

③ 斜进法。当螺距较大螺纹槽较深，切削余量较大时，粗车为了加工方便，除了朝 X 方向进行切削外，同时还进行了 Z 方向一个方向的微量进给，经过几次切削后，把螺纹加工到尺寸。

高速车削螺纹时，只能采用直进法对螺纹进行加工，否则会影响螺纹精度。

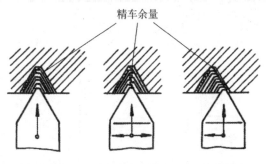

(a) 直进法　　(b) 左右切削法　　(c) 斜进发

图 3-4-10　低速车削普通螺纹的主要加工方法

（2）车床上套螺纹

① 板牙的结构：

套螺纹是指用板牙切削外螺纹的一种加工方法。

板牙是一种标准的多刃螺纹加工工具，其结构形状如图 3-4-11 所示。

　　　　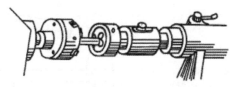

图 3-4-11　板牙　　　　　　　　　图 3-4-12　板牙的使用

板牙像一个圆螺母，其两侧的锥角是切削部分，因此反正都可使用，中间有完整的齿深为校正部分。如图 3-4-12 所示。

② 套螺纹时外圆直径的确定：

套螺纹时，工件外圆比螺纹的公称尺寸略小（按工件螺距大小决定）。套螺纹圆杆直径可按下列的近似公式计算：

$$d_0=d-（0.13 \sim 0.15）P$$

式中，d_0 为圆柱直径；d 为螺纹大径；P 为螺距。

③ 板牙套螺纹的工艺要求：

用板牙套螺纹，通常适用于公称直径小于 16 mm 或螺距小于 2 mm 的外螺纹。

外圆车至尺寸后，端面倒角要小于或等于 45°，使板牙容易切入。

套螺纹前必须找正尾座，使之与车床主轴轴线重合，水平方向的偏移量不得大于 0.05 mm。板牙装人套丝工具时，必须使板牙平面与主轴轴线垂直。

5. 普通三角外螺纹车刀

螺纹车刀的刀具参数有前角 γ_0、后角 α_0、主偏角、副偏角、刀尖角 ε_r、刃倾角 λ_s、刀尖半径等，具体角度的定义方法请参阅有关切削手册。

硬质合金在切削碳素钢时的角度参数可参考图 3-4-13 所示。

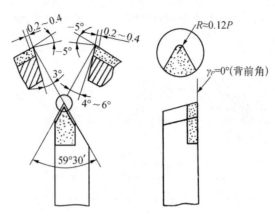

图 3-4-13 硬质合金在切削碳素钢时的角度参数

硬质合金在切削碳素钢时应注意以下几点：

① 在确定角度参数值的过程中，应考虑工件材料、硬度、切削性能、具体轮廓形状和刀具材料等诸多因素。

② 对于夹固式螺纹车刀，刀杆及刀片的参数已作成标准值，可直接按参数选用。夹固式螺纹车刀如图 3-4-14 所示。

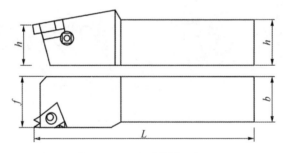

图 3-4-14 夹固式螺纹车刀

6. 车刀安装

安装螺纹车刀时，应使刀尖工件中心同高，并应使两刃夹角中线垂直于工件轴线。

安装时可将样板内侧水平靠在已精车外圆柱面，然后将车刀移入样板相应角度缺口中，通过对比车刀两刃与缺口的间隙来调整刀具的安装角，如图 3-4-15 所示。

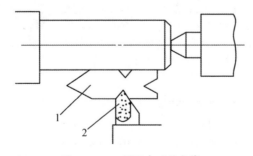

图 3-4-15 螺纹车刀的安装

1—螺纹车刀角度样板　　　　2—螺纹车刀

7. 常用螺纹切削的进给次数与背吃刀量

因为螺纹牙型较深，不能一次切削完成，所以在螺纹加工过程中，可分数次进给，每次进给的背吃刀量用螺纹深度减精加工背吃刀量所得的差按递减规律分配，如下表 3-4-1 所示。

表 3-4-1　车螺纹的背吃刀量数据

公制螺纹							
螺距	1.0	1.5	2	2.5	3	3.5	4
牙深（半径量）	0.649	0.974	1.299	1.624	1.949	2.273	2.598
切削次数 吃刀量 （半径量） 1次	0.7	0.8	0.9	1.0	1.2	1.5	1.5
2次	0.4	0.6	0.6	0.7	0.7	0.7	0.8
3次	0.2	0.4	0.6	0.6	0.6	0.6	0.6
4次		0.16	0.4	0.4	0.4	0.6	0.6
5次			0.1	0.4	0.4	0.4	0.4
6次				0.15	0.4	0.4	0.4
7次					0.2	0.2	0.4
8次						0.15	0.4
9次							0.3
							0.2
英制螺纹							
牙 /in	24	18	16	14	12	10	8
牙深（半径量）	0.678	0.904	1.016	1.162	1.355	1.626	2.033
切削次数 吃刀量 （半径量） 1次	0.8	0.8	0.8	0.8	0.9	1.0	1.2
2次	0.4	0.6	0.6	0.6	0.6	0.7	0.7
3次	0.16	0.3	0.5	0.5	0.6	0.6	0.6
4次		0.11	0.14	0.3	0.4	0.4	0.5
5次				0.13	0.21	0.4	0.5
6次						0.16	0.4
7次							0.17

四、编程指令

1. G32 单行程螺纹 / 插补指令

（1）格式

G32　X（U）__ Z（W）__ F__;

其中：F 为公制螺纹导程，单位是 mm；

X（U）、Z（W）为螺纹终点的绝对或相对坐标，X（U）省略时为圆柱螺纹切削，Z（W）省略时为端面螺纹切削，X（U）、Z（W）都编入时可加工圆锥螺纹。

该指令的运动轨迹如图 3-4-16 所示。

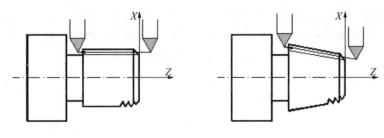

(a) G32车直螺纹　　　　　　　(b) G32车锥螺纹

图 3-4-16　G32 螺纹指令的加工运动轨迹

（2）螺纹加工应注意的事项

① 主轴转速不应过高，尤其是大导程螺纹，过高的转速使进给速度太快而引起不正常，最高转速一般可取：$n \leqslant 1200/P-80$。

② 为了能在伺服电机正常运转的情况下切削螺纹，螺纹切削应注意在两端设置足够的升速进刀段 δ_1 和降速退刀段 δ_2，即在 Z 轴方向有足够的切入、切出的空刀量，如图 3-4-17 所示。切入与切出的空刀量通常可取：$\delta_1 \geqslant 2P$；$\delta_2 \geqslant 0.5P$。

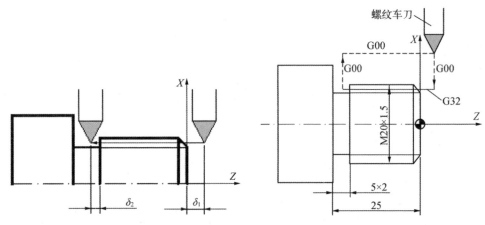

图 3-4-17　切螺纹的降速退刀段 δ_2　　　　图 3-4-18　G32 指令加工 M20×1.5 圆柱螺纹

【例 3-4-4】　用 G32 加工 M20×1.5 圆柱螺纹，如图 3-4-18，假设分两刀。

程序如下：

……

G00　X28.0　Z3.0；

X18.5；

G32　Z-22　F1.5；

G00　X28；

Z3；

G00　X18.2；

G32　Z-22　F1.5；

```
G00   X28;
Z3;
……
```

2. G92 螺纹切削单一固定循环指令

（1）格式

G92　X（U）＿Z（W）＿F＿R＿；

其中，X（U）、Z（W）为螺纹终点坐标值；F为螺纹导程；R为螺纹切削路线的半径差。

（2）G92 指令分析

G32 指令是一个单一进给指令，即指令结束后。刀尖停在 G32 指定的坐标值不返回。这显然是不符合常规的加工工艺。因此 G92 指令具有下列优势：

① G92 为模态指令。

② G92 指令实际上是把"快速进刀→螺纹切削→快速退刀→返回起点"四个动作作为一个循环。

③ 它在螺纹切削结束时有退尾倒角功能，如图 3-4-19 所示，倒角长度根据所指定的参数在 0.1L ～ 12.7L 的范围里设置。

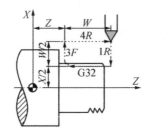
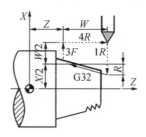

图 3-4-19　G92 螺纹切削指令的进刀路线

④ 圆锥螺纹循环与圆柱螺纹循环过程基本相同，R 指定的数值可正可负，其正负号的判断方法与 G90 相同，如图 3-4-20 所示。

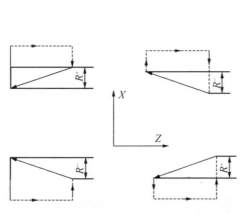

图 3-4-20　G92 指令切削锥度螺纹的进刀路线

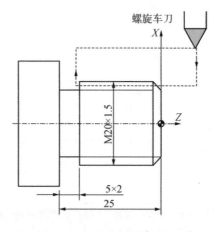

图 3-4-21　G92 指令切削普通螺纹举例

（3）G92 指令应用举例

【例3-4-5】 用G92加工M20×1.5圆柱螺纹，如图3-4-21所示，分四刀完成：

程序如下：

……

N50 G00 X28. Z3.；

N60 G92 X19.2 Z-23. F1.5；

N70 X18.6；

N80 X18.2；

N90 X18.04；

……

【例3-4-6】 用G92加工M20×1.5圆锥螺纹，如图3-4-22所示，分四刀完成。

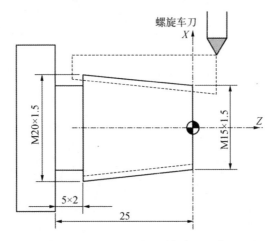

图3-4-22 G92指令切削锥度螺纹举例

程序如下：

……

N50 G00 X28. Z2.；

N60 G92 X19.2 Z-22.

R-3. F1.5；

N70 X18.6；

N80 X18.2；

N90 X18.04；

……

【例3-4-7】 用G92加工M24×4/2圆柱螺纹，如图3-4-23所示，假设每条螺纹分两刀完成。

程序如下：

……

N50 G00 X28. Z3；// 快速靠近工件

N60 G92 X21.9 Z-22. F4；// 加工第一头螺纹

N70 X21.4；

N80 G00 X28. Z5；// 重新定位，移动一个螺距

N90　G92　X21.9　Z-22.　F4;　// 加工第二头螺纹
N100　X21.4;
……

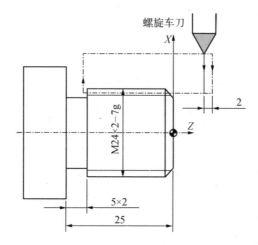

图 3-4-23　G92 指令切削双线螺纹举例

双线及多线螺纹的加工方法，其实与单线螺纹的加工方法差不多，只不过双线螺纹在加工完第一条螺纹后，需移动一个螺距，然后加工第二条螺纹，直至完成。

（4）螺纹切削单一固定循环（G92）使用注意事项

① 在螺纹切削期间，按下进给保持时，刀具将在完成一个螺纹切削循环后再进入进给保持状态。

② 如果在单段方式下执行 G92 循环，则每执行一次循环必须按四次循环起动按钮。

③ G92 指令是模态指令，当 Z 轴移动量没有变化时，只需对 X 轴指定移动指令即可重复固定循环。

④ 执行 G92 循环，在螺纹切削的收尾处，沿接近 45° 的方向斜向退刀，退刀 Z 向距离。

⑤ 在 G92 指令执行期间，进给速度倍率、主轴速度倍率均无效。

3. 螺纹切削复合循环指令 G76

格式：

G76　P(m)(r)(a)　Q($\triangle dmin$)　R(d);

G76　X(U)　Z(W)　R(i)　P(k)　Q($\triangle d$)　F__;

其中：m——精加工重复次数 01～99；

r——倒角量，即螺纹切削收尾处斜 45° 的 Z 向退刀量，设定范围 01～99，单位 0.1P（P 为导程）；

a——刀尖角度（螺纹牙型角），可选择 80°、60°、55°、30°、29°、0°；

$\triangle dmin$——最小切深，该值用不带小数点半径值表示，单位 μm；

d——精加工余量，该值用小数点半径值表示；

X(U) Z(W)——螺纹切削终点处的坐标；

i——螺纹半径差，方向与 G92 的 R 相同，如果 $i=0$，则进行直螺纹切削；

k——螺牙高度，该值用不带小数点半径值表示；

$\triangle d$——第一刀切削深度，该值用不带小数点半径值表示，单位 μm；

F——导程，如果是单线螺纹，则该值为螺距。

指令功能：

当螺纹的螺距较大、牙型较深时，直进法螺纹会由于刀具两边切削产生较大切削抗力，也因此会引起工件振动，影响加工精度和表面粗糙度。而且由于所需刀具较多，用 G32 或 G92 编程的程序段较长，编程效率较低，这时我们可以采用 G76 指令进行螺纹加工。

G76 指令既可以用于内螺纹的加工，也可以用于外螺纹的加工。既可以用于单线螺纹加工，也可以用于多线螺纹的加工。既可以用于直螺纹加工，也可以用于锥螺纹的加工。既可用于三角螺纹加工，也可以用于梯形螺纹的加工。

以斜进法方法分层切削螺纹，因此更适合加工螺距较大、牙型较深的螺纹。G76 指令进行螺纹加工路线如图 3-4-24 所示。

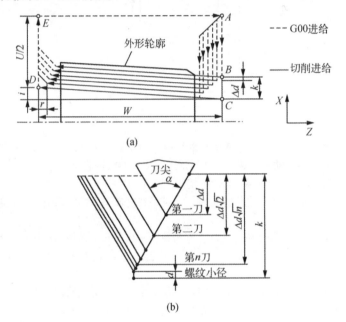

图 3-4-24 G76 指令螺纹加工路线

【例 3-4-8】 编写图 3-4-25 所示零件的加工程序。

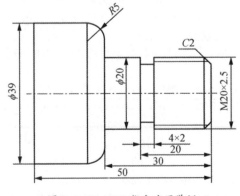

图 3-4-25 G76 指令应用举例

零件加工所使用刀具有：

外圆端面车刀（T0101）；

切槽切断刀（T0202，刀宽 3 mm）；

60° 螺纹车刀。

程序如下：

```
O2031；
T0101；                                    // 外圆表面加工
G98 M03 S600；
G00 X42.0 Z2.0；
G71 U2.0 R0.5；
G71 P10 Q20 U0.5 W0.1 F80.0；
N10 G00 G42 X12.0；
G01 X20.0 Z−2.0 F40.0；
Z−30.0；
X29.0；
G03 X39.0 Z−35.0 R5.0；
N20 G01 Z−55.0；
S800；
G70 P10 Q20；
G40 G00 X100.0 Z50.0；
T0202；                                    // 退刀槽加工
S400；
G00 X22.0 Z−19.0；
G75 R0.5；
G75 X16.0 Z−20.0 P1000 Q1000 F20.0；
G00 X100.0 Z50.0；
T0303；                                    // 螺纹加工
G00 X22.0 Z2.0；
G76 P020060 Q100 R300；
G76 X16.75 Z−18.0 P1624 Q500 F2.5；
G00 X100.0 Z50.0；
T0202；                                    // 工件切断
S200；
G00 X40.0 Z−53.0；
G01 X2.0 F20.0；
X45.0；
G00 X100.0；
Z100.0；
M05；
M30；
```

如图 3-4-26 所示螺纹轴零件，材料为 45 钢，毛坯为 φ40 棒料，单件生产，试制定零件的加工工艺，编写该零件的加工程序。

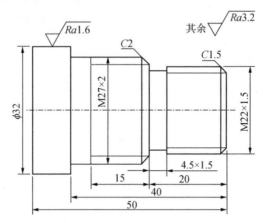

图 3-4-26　螺纹轴零件图

1. 加工方案分析

（1）零件图分析

如图 3-4-26 所示零件，有外圆、螺纹、退刀槽等。其尺寸有精度要求，需要进行粗、精加工。

（2）确定装夹方案

该零件为轴类零件，轴心线为工艺基准，加工外圆面选择通用夹具——三爪自定心卡盘夹持 φ40 毛坯外圆加工。

（3）确定加工顺序及走刀路线

① 棒料伸出卡盘外约 80 mm，找正后夹紧。

② 用 1 号外圆偏刀粗车各段外圆，留 0.25 精车余量。

③ 用 2 号外圆偏刀精车各段外圆和倒角达到要求的尺寸精度。

④ 用 3 号切槽刀，进行切槽循环加工。

⑤ 用 4 号螺纹刀，进行螺纹循环加工。

⑥ 切断。

（4）选择刀具及切削用量

如表 3-4-2 所示。

表3-4-2　螺纹轴零件数控加工工序卡

数控加工工序卡				零件图号	材料名称		零件数量
					45钢		1
设备名称	数控车床	系统型号	FANUC	夹具名称	三爪卡盘	毛坯尺寸	φ40×70
工序号	工序内容			刀具号	主轴转速 /（r/min）	进给量 （mm/r）	背吃刀量 /mm
1	车端面			T0101	600	0.3	3
2	外圆粗加工			T0101	600	0.3	3
3	外圆精加工			T0202	1000	0.15	
4	车螺纹			T0303	400	等于螺距值	
5	切断加工			T0202	500	0.15	

2. 编制加工程序单

如表3-4-3所示。

表3-4-3　螺纹轴零件的数控加工程序单

零件号		零件名称	阶梯轴	编程原点	右端面中心
程序号	O0042	数控系统	FANUC	编制	
程序段号	程序内容			程序说明	
N10	G40 G21 G97 G99 ;				
N20	T0101 ;			选择1号刀（900外圆车刀），刀具补偿号为01	
N30	M03 S600 F0.3 ;			参数设定	
N40	M08 ;			打开切削液	
N50	G00 X35.0 Z2.0 ;			刀具快速定位到（35，2）	
N60	G71 U1.5　R0.5 ;			G71外圆粗加工循环	
N70	G71 P80 Q170 U0.5 W0.02 ;				
N80	G00 X0 ;			N80到N170之间为精加工程序段	
N90	G42　G01 Z0 ;				
N100	X19.0 ;				
N110	X21.85 Z-1.5 ;				
N120	Z-20.0 ;				
N130	X23.0 ;				
N140	X26.8 Z-22.0 ;				
N150	Z-40.0 ;				

N160	X32.0；	
N165	Z–50.0；	
N170	G40 G01 X35.0；	
N180	M09；	切削液停止
N190	M05；	主轴停止
N200	G00 X200.0 Z100.0；	退刀
N210	T0202；	换 2 号刀
N220	M03 S1000 F0.15；	主轴转速 1000r/min，进给速度 0.15mm/r
N230	G00 Z2.0；	
N240	G70 P80 Q170；	G70 精加工
N250	G00 X100.0；	退刀
N260	Z100.0；	
N270	M09；	切削液停止
N280	M05；	主轴停止
N300	T0303；	换 3 号刀具，切槽刀刀宽 4.5mm
N310	M03 S500 F0.05；	主轴转速 500r/min，进给速度 0.05mm/r
N320	M08；	
N330	G00 X28.0 Z–20.0；	
N340	G01 X19.0；	
N350	G04 X2.0；	暂停
N360	G01 X28.0；	
N370	M09；	切削液停止
N380	M05；	主轴停止
N390	G00 X100.0；	退刀
N400	Z100.0；	
N410	T0404；	换 4 号刀
N420	M03 S400；	
N430	M08；	
N440	G00 X23.0 Z3.0；	
N450	G92 X21.2 Z–18.0 F1.5；	用 G92 指令车削螺纹
N460	X20.7；	
N470	X20.2；	
N480	X20.05；	

续表

N490	X20.05；	
N500	G00 X28；	
N510	Z-16；	
N520	G76 P020060 Q50 R0.1；	用 G76 指令车削螺纹
N530	G76 X24.4 Z-35.0 P1300 Q450 F2.0；	
N540	M09；	切削液停止
N550	M05；	主轴停止
N560	T0303；	换 3 号刀具，切槽刀刀宽 4.5mm
N570	M03 S500 F0.05；	
N580	M08；	
N590	G00 X100.0 ；	
N600	Z-54.5；	
N610	X34.0；	
N620	G01 X2.0；	切断，保留 2mm 直径，没有完全切断
N630	G00 X100.0；	
N640	Z100.0；	
N650	M05 ；	主轴停止
N660	M30；	程序停止，程序光标返回到程序名处

第五节　盘套类零件的工艺分析与编程

基础知识

一、盘套类零件的结构特点

1. 盘类零件的结构特点

盘类零件在机器中一般用于传递动力、改变速度、转换方向或起支承、轴向定位或密封等作用。一般盘类零件主要由端面、外圆、内孔等组成，一般零件直径大于零件的轴向尺寸，如齿轮、带轮、法兰盘、端盖、模具、联轴节、套环、轴承环、螺母、垫圈。一般盘类零件上常有轴孔；常设计有凸缘、凸台或凹坑等结构；还常有较多的螺孔、光孔、沉孔、销孔或键槽等结构；有些还具有轮辐、辐板、肋板以及用于防漏的油沟和毡圈槽等密封结构。各类常见盘类零件见图 3-5-1 所示。

图 3-5-1　各类常见盘类零件

2. 套类零件的结构特点

套类零件是一种应用范围很广的常见机械零件。在机器中主要起支承和导向作用，例如，支承回转轴的各种形式的滑动轴承、钻套、液压系统中的液压缸以及内燃机上的气缸套等，如图 3-5-2 所示。套类零件由于功用不同，其结构和尺寸有较大差别，但也有共同之处：零件结构不太复杂，主要由有较高同轴要求的内外圆表面组成，零件的壁厚较小，易产生变形，轴向尺寸一般大于外圆直径，长径比大于 5 的深孔比较多。

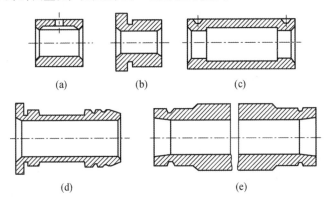

图 3-5-2　各类常见套类零件

二、加工刀具

1. 套类零件内孔车削刀具的类型

内孔车刀可分为通孔车刀和盲孔车刀两种。如图 3-5-3 所示。

通孔车刀切削部分的几何形状与外圆车刀相似，为了减小径向切削抗力，防止车孔时振动，主偏角应取得大些，一般在 60°～75° 之间，副偏角一般为 15°～30°。为防止内孔车刀后刀面和孔壁摩擦又不使后角磨得太大，一般磨成两个后角。

盲孔车刀用来车削盲孔或阶台孔，切削部分形状基本与偏刀相似，它的主偏角大于 90°，一般为 92°～95°，后角的要求和通孔车刀一样。不同之处是盲孔车刀的刀尖到刀杆外端的距离小于孔半径，否则无法车平孔的底面。内孔车削的关键技术是解决内孔车刀的刚性和排屑问题。

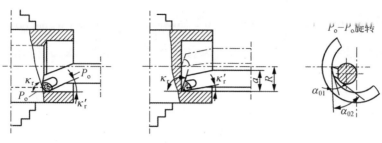

图 3-5-3 内孔车刀类型

2. 内孔车刀的刀杆

根据加工内孔大小不同，有圆刀杆和方刀杆。如图 3-5-4 所示。

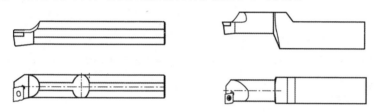

图 3-5-4 内孔车刀类型

3. 内孔车刀的安装

刀尖应与工件中心等高或稍高；刀杆伸出长度不宜过长，一般比被加工孔长 5 ～ 6 mm 左右；刀杆基本平等于工件轴线，否则在车削到一定深度时，刀杆后半部分容易碰到工件孔口；盲孔车刀安装时，内偏刀的主刀刃应与孔底平面成角，并且在车平面时要求横向有足够的退刀余地，如图 3-5-5 所示。

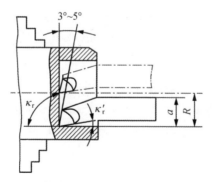

图 3-5-5 内孔车刀的安装

4. 盘套类零件内孔的车削方法

车孔是套类零件常用的孔加工方法之一，可用作粗加工，也可用作精加工。车孔精度一般可达 IT7 ～ IT8 表面粗糙度 $Ra1.6 ～ 3.2\mu m$。

5. 内沟槽的加工方法

内沟槽的加工与外沟槽的加工方法类似。宽度较小和要求不高的内沟槽，可用主切削刃宽度等于槽宽的内沟槽车刀采用直进法一次车出，如图 3-5-6（a）所示。要求较高或较宽的内沟槽，可采用直进法分几次车出。对有精度要求的槽，先粗车槽壁和槽底，然后根据槽宽、槽深进行精车，如图 3-5-6（b）所示。如果槽较大较浅，可用内圆粗车刀先车出凹槽，再用内沟槽刀车沟槽的两端垂直面，如图 3-5-6（c）所示。

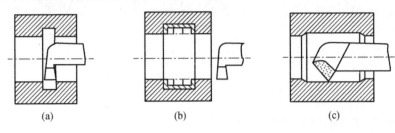

(a)　　　　　　　　　(b)　　　　　　　　　(c)

图 3-5-6　内沟槽的加工方法

6. 走刀路线的确定

加工顺序的确定按照由内到外、由粗到精、由远到近的原则确定，在一次装夹中尽可能加工出较多的工件表面。

7. 切削用量的选择

外圆和端面的切削用量可查阅切削手册。内孔车刀的刀柄细长、刚度低、车孔时排屑困难，车孔时的切削用量应选得比车外圆要小。车内孔的吃刀深度和进给量是车外圆的 1/2 ～ 1/3，切削速度比外圆小 10% ～ 20%。

三、盘套类零件制造工艺特点

1. 盘类零件

（1）毛坯选择

盘类零件常采用钢、铸铁、青铜或黄铜制成。孔径小的盘一般选择热轧或冷拔棒料，根据不同材料，亦可选择实心铸件，孔径较大时，可作预孔。若生产批量较大，可选冷挤压等先进毛坯制造工艺，既提高生产率，又节约材料。

（2）基准选择

根据零件不同的作用，零件的主要基准会有所不同。一是以端面为主（如支承块）其零件加工中的主要定位基准为平面；二是以内孔为主，由于盘的轴向尺寸小，往往在以孔为定位基准（径向）的同时，辅以端面的配合；三是以外圆为主（较少），与内孔定位同样的原因，往往也需要有端面的辅助配合。

（3）安装方案

①用三爪卡盘安装。用三爪卡盘装夹外圆时，为定位稳定可靠，常采用反爪装夹（共限制工件除绕轴转动外的五个自由度）；装夹内孔时，以卡盘的离心力作用完成工件的定位、夹紧（亦限制了工件除绕轴转动外的五个自由度）。

②用专用夹具安装。以外圆作径向定位基准时，可以定位环作定位件；以内孔作径向定位基准时，可用定位销（轴）作定位件。根据零件构形特征及加工部位、要求，选择径向夹紧或端面夹紧。

③用虎钳安装。生产批量小或单件生产时，根据加工部位、要求的不同，亦可采用虎钳装夹（如支承块上侧面、十字槽加工）。

④ 表面加工。零件上回转面的粗、半精加工仍以车为主，精加工则根据零件材料、加工要求、生产批量大小等因素选择磨削、精车、拉削或其他。零件上非回转面加工，则根据表面形状选择恰当的加工方法，一般安排于零件的半精加工阶段。

⑤ 典型工艺路线。与轴相比，盘的工艺的不同主要在于安装方式的体现，当然，随零件组成表面的变化，牵涉的加工方法亦会有所不同。因此，该"典型"主要在于理解基础上的灵活运用，而不能生搬硬套。一般盘类零件的加工工艺路线为：

下料（或备坯）→去应力处理→粗车→半精车→平磨端面（亦可按零件情况不作安排）→非回转面加工→去毛刺→中检→最终热处理→精加工主要表面（磨或精车）→终检。

2. 套类零件

（1）毛坯选择

套类零件的毛坯主要根据零件材料、形状结构、尺寸大小及生产批量等因素来选。孔径较小时，可选棒料，也可采用实心铸件；孔径较大时，可选用带预孔的铸件或锻件，壁厚较小且较均匀时，还可选用管料。当生产批量较大时，还可采用冷挤压和粉末冶金等先进毛坯制造工艺，可在提高毛坯精度提高的基础上提高生产率，节约材料。

（2）套类零件的基准与安装

套类零件的主要定位基准毫无疑问应为内外圆中心。外圆表面与内孔中心有较高同轴度要求，加工中常互为基准反复加工保证图纸要求。

零件以外圆定位时，可直接采用三爪卡盘安装；当壁厚较小时，直接采用三爪卡盘装夹会引起工件变形，可通过径向夹紧、软爪安装、采用刚性开口环夹紧或适当增大卡爪面积等方面解决；当外圆轴向尺寸较小时，可与已加工过的端面组合定位，如采用反爪安装，工件较长时，可采用"一夹一托"法安装。

零件以内孔定位时，可采用心轴安装（圆柱心轴、可胀式心轴）；当零件的内、外圆同轴度要求较高时，可采用小锥度心轴和液塑心轴安装。当工件较长时，可在两端孔口各加工出一小段60度锥面，用两个圆锥对顶定位。

当零件的尺寸较小时，尽量在一次安装下加工出较多表面，既减小装夹次数及装夹误差，并容易获得较高的位置精度。

零件也可根据工件具体的结构形状及加工要求设计专用夹具安装。

（3）主要表面的加工

套类零件的主要表面为内孔。内孔加工方法很多。孔的精度、光度要求不高时，可采用扩孔、车孔、镗孔等；精度要求较高时，尺寸较小的可采用铰孔；尺寸较大时，可采用磨孔、珩孔、滚压孔；生产批量较大时，可采用拉孔（无台阶阻挡）；有较高表面贴合要求时，采用研磨孔；加工有色金属等软材料时，采用精镗（金刚镗）。

（4）典型工艺路线

一般套类零件的加工工艺路线为：

下料→去应力处理→基准面加工→孔粗加工→外圆等粗加工→组织处理→孔半精加工→外圆等半精加工→其他非回转面加工→去毛刺→中检→零件最终热处理→孔精加工→外圆等精加工→清洗→终检。

3. 盘套类零件加工中的主要工艺问题

一般盘套类零件在机械加工中的主要工艺问题是保证内外圆的相互位置精度（即保证内、外圆表面的同轴度以及轴线与端面的垂直度要求）和防止变形。

（1）保证相互位置精度

要保证内外圆表面间的同轴度以及轴线与端面的垂直度要求，通常可采用下列三种工艺方案：

① 在一次安装中加工内外圆表面与端面。这种工艺方案由于消除了安装误差对加工精度的影响，因而能保证较高的相互位置精度。在这种情况下，影响零件内外圆表面间的同轴度和孔轴线与端面的垂直度的主要因素是机床精度。该工艺方案一般用于零件结构允许在一次安装中，加工出全部有位置精度要求的表面的场合。为了便于装夹工件，其毛坯往往采用多件组合的棒料，一般安排在自动车床或转塔车床等工序较集中的机床上加工。

② 全部加工分在几次安装中进行，先加工孔，然后以孔为定位基准加工外圆表面。用这种方法加工套筒，由于孔精加工常采用拉孔、滚压孔等工艺方案，生产效率较高，同时可以解决镗孔和磨孔时因镗杆、砂轮杆刚性差而引起的加工误差。当以孔为基准加工套筒的外圆时，常用刚度较好的小锥度心轴安装工件。小锥度心轴结构简单，易于制造，心轴用两顶尖安装，其安装误差很小，因此可获得较高的位置精度。

③ 全部加工分在几次安装中进行，先加工外圆，然后以外圆表面为定位基准加工内孔。这种工艺方案，如用一般三爪自定心卡盘夹紧工件，则因卡盘的偏心误差较大会降低工件的同轴度。故需采用定心精度较高的夹具，以保证工件获得较高的同轴度。较长的套筒一般多采用这种加工方案。

（2）防止变形

盘套类零件一般在加工过程中，往往由于夹紧力、切削力和切削热的影响而引起变形，致使加工精度降低。需要热处理的盘套类零件，如果热处理工序安排不当，也会造成不可校正的变形。防止盘套类零件的变形，可以采取以下措施：

减小夹紧力对变形的影响、减少切削力对变形的影响、减少热变形引起的误差。

四、编程指令

1. 刀具补偿

（1）刀尖方位 T 值

刀尖方位如图 3-5-14 所示。外圆车刀刀尖方位 T 取 3，内孔车刀刀尖方位 T 取 2。

（2）刀具补偿指令

刀具补偿指令判别如图所示。前置刀架使用右偏刀加工内轮廓一般使用 G41 指令，指令格式见图 3-5-12。

2. G71 粗车循环指令（见图 3-5-16）

格式：G71 U（Δd）R（e）；

G71 P（ns）Q（nf）U（Δu）W（Δw）F（f）S（s）T（t）；

参数说明同前。注意：加工内表面时 Δu 取负值。

3. G74 端面切槽循环指令

端面切槽（钻孔）循环指令适用于加工端面切槽或回转中心钻孔（刀具安装在刀架上，尾座无效），其格式为：

G74　R（e）；

G74　X（U）＿　Z（W）＿　P（Δi）　Q（Δk）　R（Δd）　F＿；

其中，e 为退刀量，该值是模态值；X（U）＿、Z（W）＿为切槽终点处坐标；Δi 为刀具完成一次轴向切削后，在 X 方向的移动量（该值用不带符号的半径值表示）；Δk 为 Z 方向每次切深量（该值用不带符号的值表示）；Δd 为刀具在切削底部的退刀量，d 的符号总是 "+"。但是，如果地址 $X(U)$ 和 i 被忽略，退刀方向可以指定为 "−"，$F_{}$ 为进给速度。端面切槽（钻孔）循环可实现断屑加工，其走刀路线如图 3-5-7 所示。当 $X(U)$ 和 i 都被忽略或设定为零时，数控车床只在 Z 向钻孔。

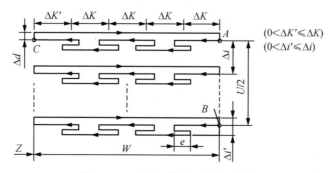

图 3-5-7　端面切槽循环的走刀路线

【例 3-5-1】　如图 3-5-8 所示，试用 G74 编写工件的切槽（切槽刀刀宽 3 mm）及钻孔加工程序。

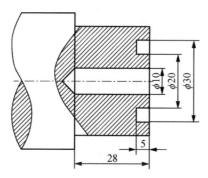

图 3-5-8　端面切槽循环 G74 实例

程序如下：

......

N40	G00	X27.0	Z1.0	S600;		// 定位
N50	G74	R0.3;				
N60	G74	X20.0	Z-5.0	P1000	Q2000 F0.1;	// 端面切槽循环
N70	G28	U0	W0;			// 返回参考点，换刀
N80	T0202;					
N90	G00	X0	Y1.0;			// 定位
N100	G74	R0.3;				
N110	G74	Z-28.0	Q5000	F0.08;		// 钻孔循环
N120	G28	U0	W0;			
N130	M30;					

如图 3-5-9 所示的轴套零件，已知材料为 45 钢，毛坯尺寸为 φ110 棒料。要求分析零件的加工工艺，编写零件的数控加工程序。

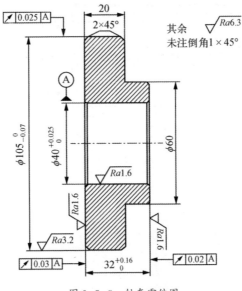

图 3-5-9 轴套零件图

1. 加工方案分析

（1）零件图分析

该零件结构简单，内孔与外圆的尺寸精度和位置精度要求及两端面的位置精度要求都比较高。

（2）确定装夹方案

由于在内孔、外圆及大端面的精加工均在一次装夹内完成，可以选用数控车床通用夹具——三爪自定心卡盘装夹。在加工小外圆时使用的是已经精加工后的大外圆面，要使用垫皮，以免损伤精加工表面。在加工小端面时以内孔作为定位基准，可采用锥度心轴，辅以顶尖和卡箍进行装夹。

（3）确定加工顺序及走刀路线

可以首先粗车出小外圆面，作为精加工的定位基准，掉头一次加工出内孔和大外圆面，保证内孔和外圆间的位置精度。再以精加工所形成的大外圆面精加工小外圆面，即可完成径向尺寸的加工。大端面可以在内孔和外圆精加工时一次精加工出来，以保证端面和内孔的位置精度。端面和内孔有较高的位置精度要求。

（4）选择刀具及切削用量

① 采用 900 硬质合金机夹偏刀 T0101。

② 采用内孔镗刀 T0202。

③ φ30 钻头。

（5）填写数控加工工序卡

阶梯轴数控加工工序卡如表3-5-1所示。

表3-5-1　轴套零件数控加工工序卡

数控加工工序卡				零件图号	材料名称		零件数量
					45 钢		1
设备名称	数控车床	系统型号	FANUC	夹具名称	三爪卡盘	毛坯尺寸	Φ110×36
工序号	工序内容			刀具号	主轴转速（r/min）	进给量（mm/r）	背吃刀量/mm
1	下料 φ110×36						
2	粗车 φ110×36 外圆 车端面见平 车 φ36 外圆			T01	600	0.2	1
3	卡 φ63 外圆，粗车端面、外圆 钻 φ30 孔（手动） 镗孔（粗、精） 精车端面、外圆			T0101（端面、外圆） T0202（粗镗、精镗孔）	600（外圆粗加工） 350（粗内镗孔） 350（粗内镗孔） 350（外圆精加工）	F0.2 F0.15 F0.08 F0.15	2（粗加工） 1（粗加工）
4	卡 φ105 外圆（垫铁皮），找正 精车小端面、外圆 倒小内角 1×45°			T0101（精车端面、外圆） T0202（倒内角）	350（粗内镗孔） 350（粗内镗孔）	0.1	0.8（端面） 0.5（外圆）
5	精车小端面，保证总长			T0101	800	0.1	0.2

2. 编制加工程序

如表3-5-2所示。

表3-5-2　轴套零件数控加工程序单

零件号		零件名称	阶梯轴	编程原点	右端面中心
程序号		数控系统	FANUC	编制	
程序段号	程序内容			程序说明	
	O0021；				
N10	G40 G21 G97 G99；				
N20	T0101；				
N30	M03 S600；				
N40	M08；			粗车右端面和 φ60 外圆	
N50	G00 X114.0 Z-1.0；				
N60	G01 X-1.0 F0.2；				
N70	G00 X114.0 Z2.0；				

N80	G72 W1.0 R1.0;	
N90	G72 P100 Q120 R0.5 W1 F0.2;	
N100	G01 Z−14.0;	
N110	X60.0;	
N120	Z2.0;	
N130	M05;	
N140	M30;	
	O0022;	
N10	G40 G21 G97 G99;	
N20	T0101;	
N30	M03 S500;	
N40	M08;	
N50	G00 X114.0 Z−1.5;	
N60	G01 X−1.0 F0.2;	粗车零件左端面和外圆
N70	X106.0;	镗孔之前用 Φ30 钻头钻通孔
N80	W−20;	粗镗孔
N90	G00 X120 Z100;	
N100	M05;	
N110	M00;	
N120	T0202;	
N130	M03 S350;	
N140	G00 X28.0 Z2.0;	
N150	G74 R0.5;	
N160	G74 X39.0 Z−34.0 P1500 Q2000 F0.15;	
N170	M03 S600;	
N180	G01 X42.0 F0.08;	
N190	Z0;	精车左端面和外圆
N200	X40.0 Z−1.0;	
N210	Z−34.0;	
N220	X36.0;	
N230	Z2.0;	
N240	G00 X150.0 Z100.0;	

续表

N250	M05;	
N260	T0101;	
N270	M03 S800;	
N280	G00 X108.0 Z−2.0 ;	
N290	G01 X38.0 F0.15;	
N300	X101.0 ;	
N310	X105.0 W−2.0;	
N320	W−20.0;	
N330	X108.0;	
N340	G00 X150.0 ;	
N350	Z150.0;	
N360	M05;	
N370	M30;	
	O0023;	
N10	G40 G21 G97 G99;	
N20	T0101;	
N30	M03 S800;	
N40	M08;	
N50	G00 X62.0 Z−1.8;	
N60	G01 X36.0 F0.1;	
N70	X58.0;	
N80	X60.0 W−1.0;	
N90	W−11.0;	精车右端面和外圆
N100	X101.0;	右端内孔倒角
N110	X105.0 W−2.0;	
N120	X108.0;	
N130	Z100.0;	
N140	M05;	
N150	T0202;	
N160	M03 S400;	
N170	G00 X42.0 Z2.0;	
N180	G01 Z0 F0.1;	
N190	X40.0 W−1.0;	

续表

N200	Z2.0;	
N210	G00 X100.0;	
N220	Z100.0;	
N230	M05;	
N240	M30;	
	O0024;	
N10	G40 G21 G97 G99;	
N20	T0101;	
N30	M03 S800;	
N40	M08;	
N50	G00 X62.0 Z−2.0;	精车右端面，保证长度尺寸
N60	G01 X36.0 Z−2.0;	
N70	G00 X100.0;	
N80	Z100.0;	
N90	M05;	
N100	M30;	

第六节　曲面轴零件的工艺分析与编程

基础知识

一、宏程序基础知识

1. 宏程序的概念

用户宏程序一般是指含有变量的程序，宏程序由宏程序体和宏指令（程序中调用宏程序的指令）构成。用户宏程序主要用于椭圆、双曲线、抛物线等各种数控系统没有插补指令的轮廓曲线编程。

2. 变量的定义

用一个可复制的代号代替具体的数值，这个代号就称为变量。FANUC 系统的宏变量用变量符号 #（不同的数控系统，变量符号可能有区别）和后面的变量号指定，如 #1、#2、

#3、#4……等，也可以用表达式来表示变量，如 # [#1+#2* [#3-2] -#4/3] 等。

3. 变量的表示

（1）在地址的后面指定变量号或表达式，表达式必须用方括号 [ ] 括起来。

例如：

……

#1=100；   // 给 #1 变量赋值为 100

G00 X [#1] Z10；   // 坐标值为（100，10）

……

M30；

（2）程序号、顺序号和任选程序段跳转号不能使用变量。

例如：

① O#20；是错误的，因为程序号不能使用变量

② N#30 G00 X20；是错误的，因为程序号不能使用变量

③ /#40 G01 X10 Z5；是错误的，因为程序号不能使用变量

4. 变量的类型

变量的类型如表 3-6-1 所示。

表 3-6-1 变量的类型

变量号	变量类型	功能
#0	空变量	此变量总是空，没有值能赋给该变量
#1 ～ #33	局部变量	局部变量只能用在宏程序中存储数据，如运算结果。当断电时，局部变量被初始化为空。调用宏程序时，自变量对局部变量赋值。
#100 ～ #199 #500 ～ #999	公共变量	公共变量在不同的宏程序中的意义相同。当断电时，变量 #100 ～ #199 初始化为空，#500 ～ #999 的数据保存（即使断电，数据也不丢失）
#1000	系统变量	系统变量用于读和写 CNC 运行时的各种数据，如刀具的当前位置和补偿值。

5. 算术和逻辑运算

宏程序中的变量可以进行算术和逻辑运算，如表 3-6-2 所示。运算符右边的表达式可包含常量和变量（由函数或运算符组成，表达式中的变量 #j 和 #k 可以用常量赋值），左边的变量也可以用表达式赋值。

表 3-6-2 算术和逻辑运算

功能	格式	备注
定义	#i = #j	
加法 减法 乘法 除法	#i = #j + #k； #i = #j - #k； #i = #j * #k； #i = #j / #k；	

功能	格式	备注
正弦 反正弦 余弦 反余弦 正切 反正切	#i = SIN［#j］； #i = ASIN［#j］； #i = COS［#j］； #i = ACOS［#j］； #i = TAN［#j］； #i = ATAN［#j］/［#k］；	角度以（°）指定，例如，60° 30′ 表示为60.5°
平方根 绝对值 舍入 上取整 下取整 自然对数 指数函数	#i = SQRT［#j］； #i = ABS［#j］； #i = ROUND［#j］； #i = FIXN［#j］； #i = FUP［#j］； #i = LN［#j］； #i = EXP［#j］；	
或 异或 与	#i = #j OR #k; #i = #j XOR #k; #i = #j AND #k;	逻辑运算按二进制数执行
从 BCD 转为 BIN 从 BIN 转入 BCD	#i = BIN［#j］； #i = BCD［#j］；	用于与 PMC 的信号交换

运算的优先顺序为：第一，函数；第二，乘、除、逻辑与；第三，加、减、逻辑或、逻辑异或。

可以用［ ］来改变顺序。连同函数中使用的括号在内，括号在表达式中最多可用 5 重。

6. 控制指令

通过控制指令可以控制用户宏程序主体的程序流程，常用的控制指令有无条件转移（GOTO 语句）、条件转移（IF 语句）和循环（WHILE 语句）3 种。

（1）无条件转移（GOTO 语句）

指令格式：

GOTO n；

其中，n 为顺序号（1 ～ 9999）。语句表示转移（跳转）到标有顺序号 n 的程序段。当指定 1 ～ 9999 以外的顺序号时，会触发 P/S 报警。

（2）条件转移（IF 语句）

① IF［< 条件表达式 >］GOTO n

指令格式：

IF［条件表达式］GOTOn；

如果满足指定的条件表达式时，则转移到标有顺序号 n 的程序段；如果不满足指定的条件表达式时，则顺序执行下个程序段。如图 3-6-1 所示，其含义为：如果变量 #1 的值大于 100，则转移（跳转）到顺序号为 N99 的程序段。

条件表达式比较运算符由两个字母组成，用于判断两个值是否相等或二者大小。如表 3-6-3 所示。

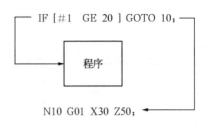

图 3-6-1　条件转移语句举例

表 3-6-3 比较运算符

运算符	含义
EQ	= （等于 equal to）
NE	≠ （不等于 not equal to）
GT	> （大于 greater than）
GE	≥ （大于等于 greater than or equal to）
LT	< （小于 less than）
LE	≤ （小于等于 less than or equal to）

【例 3-6-1】 用 IF 语句宏程序编写数字 1+2+3+……+100 的总和程序。

程序如下：

O0098；

#1=0；

#2=1；

N1 #1=#1+#2；

#2=#2+1；

IF ［#2 LE 100］GOTO 1；

M30；

② IF ［＜条件表达式＞］ THEN

IF ［条件表达式］ THEN ××××××；

如果指定的条件表达式满足时，则执行预先指定的宏程序语句，而且只执行一个宏程序语句。

IF ［#1 EQ #2］ THEN #3=30；如果 #1 和 #2 的值相同，30 赋值给 #3。

（3）循环（WHILE 语句）

指令格式：

WHILE ［条件表达式］DO m；

……

END m；

在 WHILE 后指定一个条件表达式，当指定的条件满足时，执行从 DO 到 END 之间的程序。否则，转而执行 END 之后的程序段。DO 后面的号是指定程序执行范围的标号，值为 1、2、3。如果使用了 1、2、3 以外的值，则会产生 P/S 报警。

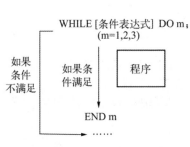

图 3-6-2 WHILE 语句格式

图 3-6-3 标号 1～3 可以多次使用

WHILE 语句格式如图 3-6-2 所示。在 DO ~ END 循环中的标号（1 ~ 3）可以根据需要多次使用，如图 3-6-3 所示。

DO 的范围不能交叉，如图 3-6-4 所示。D 循环可以 3 重嵌套，如图 3-6-5 所示。

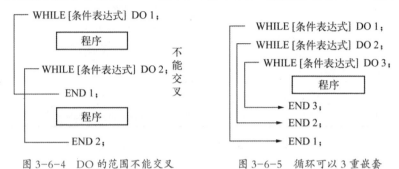

图 3-6-4　DO 的范围不能交叉　　　　图 3-6-5　循环可以 3 重嵌套

① DO m 和 END m 必须成对使用，而且 DO m 一定要在 END m 指令之前，用识别号 m 来识别。

② 当指定 DO 而没有指定 WHILE 语句时，将产生从 DO 到 END 之间的无限循环。

③ 在使用 EQ 或 NE 的条件表达式中，值为空和值为零将会有不同的效果。而在其他形式的条件表达式中，空即被当作零。

【例 3-6-2】　用 WHILE 语句宏程序编写数字 1+2+3+……+100 的总和程序。

程序如下：

O0099;

#1=0;

#2=1;

WHILE［#2 LE 100］DO　1;

#1=#1+#2;

#2=#2+1;

END1;

M30;

二、子程序

在程序段中，当某一程序反复出现（即工件上有好几个部分相同的切削路线）时，可以把这类程序段单独编写，并按一定格式单独加以命名，作为子程序，并事先编制好程序存储起来，编程时调用，从而使主程序简洁。

1. 子程序调用指令 M98

常用的子程序的调用格式有以下两种（各数控系统不同）。

指令格式一：M98P×××× ××××;

P 后面的前四位表示重复调用次数，省略时为调用一次；后四位表示子程序号。

指令格式二：M98P××××L××××;

P 后面的前四位表示子程序号，L 后四位表示重复调用次数，省略时为调用一次。

2. 子程序的格式

O××××;

......

M99；

其中，M99指令表示子程序结束并返回主程序 M98。若重复调用次数已运行完，则运行下一段，继续执行主程序。

3. 子程序的嵌套

子程序调用下一级子程序称为嵌套。子程序的嵌套与执行过程如图 3-6-6 所示。

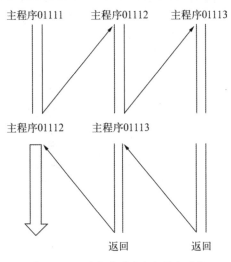

图 3-6-6　子程序的嵌套与执行过程

【例 3-6-3】　加工零件如图 3-6-7 所示，已知毛坯直径为 32 mm，长度为 50 mm，1号刀具为外圆车刀，2好刀具为切断刀，刀宽 2 mm。编写加工程序如下：

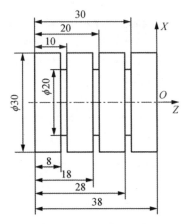

图 3-6-7　子程序加工实例

主程序：

O0060；

N5　G00　X150.0　Z100.0；　　　　　　　// 快速定位

N10　T0101；　　　　　　　　　　　　　// 选择 1 号刀具

```
N15    M03    S500    M08；                    // 选择 1 号刀具
N20    G00    X35.0   Z0；                     // 快速移到切端面的位置
N30    G98    G01    X0   F100；               // 车右端面
N40    G00    Z2.0；                           // 快速退刀
N50    X30.0；                                 // 快速移到 X30 处
N60    G01    Z-40.0   F100；                  // 车外圆
N70    G00    X150.0   Z100.0；                // 刀具移出
N80    T0202；                                 // 选择 2 号刀具
N90    X32.0   Z0；刀具移到起刀点位置
N100   M98    P30008；                         // 调用子程序切三个槽
N110   G01    W-10；
N120   G01    X2   F50；                       // 切断
N130   G04    X2.0；                           // 暂停 2 秒
N140   G01    X32.0；
N150   G00    X150.0   Z100.0   M09；          // 快速移到换刀点，关闭冷却液
N160   M05；                                   // 主轴停止
N170   M30；                                   // 程序停止
子程序：
O0008；                                        // 子程序名
G01    W-10.0；                                // 刀具移出
U-12.0   F60；                                 // 切槽
G04    X1.0；                                  // 暂停 1 秒
G00    U12.0；                                 // 退出
M99；                                          // 子程序结束
```

程序说明：

① 子程序必须有程序名，且以 M99 作为子程序的结束指令。

② M99 指令也可以用于主程序最后程序段，此时程序执行指针会跳回主程序的第一程序段继续执行此程序，所以此程序将一直重复执行，除非按下【RESET】键才能中断执行。此种方法常用于数控车床开机后的热机程序。

如图 3-6-8 所示的椭圆轴零件，已知材料为 45 钢，毛坯尺寸为 φ40 棒料。要求分析零件的加工工艺，编写零件的数控加工程序。

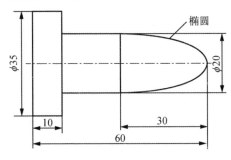

图 3-6-8 椭圆轴零件图

1. 加工方案分析

（1）零件图分析

该零件由椭圆、外圆组成。编程原点设置在轴线上椭圆的中心位置。外圆轮廓上各基点的坐标从右到左依次为（0，30）、（20，0）、（20，-20）、（35，-20）、（35，-30）。

由图纸可知，椭圆的长半轴 a 值为 30，短半轴 b 值为 10。根据数控车床规定的坐标系，该椭圆的方程为 $\frac{X^2}{10^2} + \frac{Z^2}{30^2} = 1$。椭圆由长半轴和短半轴两个特征元素，现在我们分别以长半轴 a 和短半轴 b 作圆，得到如图 3-6-9 所示。

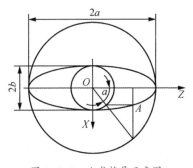

图 3-6-9 公式推导示意图

由图可知，椭圆上参数方程可表示为：

$$\begin{cases} Z = a \times \cos a \\ X = b \times \sin a \end{cases}$$

由于采用直径编程公式中 x 的坐标值要乘以 2，则 Z 与 X 的坐标为：

$$\begin{cases} Z = a \times \cos a \\ X = 2 \times b \times \sin a \end{cases}$$

（2）确定装夹方案

该零件为轴类零件，轴心线为工艺基准，加工外圆面选择通用夹具——三爪自定心卡盘夹持 φ40 毛坯外圆一次装夹完成加工。以零件椭圆中心作为坐标系原点，设定工件坐标系。根据零件尺寸精度及技术要求，将粗、精加工分开来考虑，从右到左车端面及外圆。

（3）确定加工顺序及走刀路线

① 车削右端面。

② 粗车 φ20 外圆柱面、φ35 外圆柱面。

③ 精车 φ20 外圆柱面、φ35 外圆柱面。

④ 加工椭圆。

⑤ 切断。

（4）选择刀具及切削用量

① 采用 900 硬质合金机夹偏刀 T0101 用于粗车和精车加工。

② 切断，采用切槽刀（3 mm 刀宽）T0202。

根据零件的表面质量要求、零件的材料、刀具的材料等查切削用量表，选择计算刀具的切削参数。

注意：安装刀具时，刀具的刀尖一定要与零件旋转中心等高，否则在车削零件的端面时将在零件端面中心产生小凸台或损坏刀尖。

（5）填写数控加工工序卡

阶梯轴数控加工工序卡如表 3-6-4 所示。

表 3-6-4 椭圆轴零件数控加工工序卡

数控加工工序卡				零件图号	材料名称		零件数量
					45 钢		1
设备名称	数控车床	系统型号	FANUC	夹具名称	三爪卡盘	毛坯尺寸	φ40
工序号	工序内容			刀具号	主轴转速 /（r/min）	进给量 （mm/r）	背吃刀量 /mm
1	车端面			T01	600	0.1	
2	外圆粗加工			T01	600	0.2	
3	外圆精加工			T01	1000	0.1	
4	椭圆加工			T01	1000	0.1	
4	切断加工			T02	500	0.05	

2. 编制加工程序单

如表 3-6-5 所示。

表 3-6-5 椭圆轴的数控加工程序单

零件号		零件名称	阶梯轴	编程原点	右端面中心
程序号	O0023	数控系统	FANUC	编制	
程序段号	程序内容			程序说明	
N10	G40 G21 G97 G99;				
N20	T0101;			选择 1 号刀（900 外圆车刀），刀具补偿号为 01	
N30	M03 S600;			参数设定，主轴正转，设定粗车转速为 600r/min	
N40	M08;			打开切削液	

续表

N50	G00 X20.0 Z33.0;	刀具快速定位到工件附近（20，33）
N60	G01 X0.0 F0.2;	车削右端面
N70	Z30.0 ;	
N80	X20 ;	
N90	G00 X40.0 Z33.0;	快速到达循环起点（40，33）
N100	G71 U1.5 R0.5;	G71 外圆粗加工循环
N110	G71 P120 Q150 U0.5 W0.02 F0.1;	N110～N190之间为精加工程序段
N120	G00 X20.0 ;	
N130	G01 Z-20.0 ;	
N140	X35.0 ;	
N150	Z-30.0;	
N160	M03 S1000;	设定精车转速为1000r/min
N170	G70 P120 Q150;	G70 外圆精加工循环
N180	G00 X100.0;	退刀
N190	Z150.0;	
N200	G00 X0 Z35.0 ;	快速移动到（0，35）
N210	#1=0 ;	设定角度变量#1，赋初始值为0
N220	G01 X[20*SIN[#1]] Z[30*COS[#1]];	
N230	#1=#1+0.1;	角度值增量为0.1°
N280	IF [#1 LE 90] GOTO 220;	
N290	G00 X100;	退刀
N300	Z150;	
N310	M03 S500 T0202;	调主轴转速500r/min，选切槽刀T0202，刀宽3mm
N320	G00 X100 Z-33.0;	快速到达（100，-32）位置
N330	X40.0;	快速到达（40，-32）位置，准备切断工件
N340	G01 X2.0 F0.05;	切断，保留2mm直径，没有完全切断
N350	G00 X100;	撤刀，快速撤出，到达（100，-62）位置
N360	Z200;	快速到达（100，200）位置
N370	M05 ;	主轴停止
N380	M30;	程序停止，程序光标返回到程序名处

第七节 数控车削加工仿真

基础知识

如图 3-7-1 所示的螺纹轴零件，已知材料为 45 钢，毛坯尺寸为 $\phi 40 \times 150$ mm 棒料。要求分析零件的加工工艺，编写零件的数控加工程序，并应用仿真软件进行仿真加工。

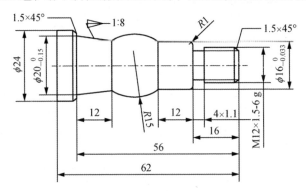

图 3-7-1　螺纹轴零件图

1. 加工方案分析

（1）零件图分析

如图 3-7-1 所示零件，有外圆、螺纹、退刀槽等。其尺寸有精度要求，需要进行粗、精加工。

（2）确定装夹方案

该零件为轴类零件，轴心线为工艺基准，加工外圆面选择通用夹具——三爪自定心卡盘夹持 $\phi 40$ 毛坯外圆加工。

（3）确定加工顺序及走刀路线

① 棒料伸出卡盘外约 80 mm，找正后夹紧。

② 用 1 号外圆偏刀粗车各段外圆，留 0.25 精车余量。

③ 用 2 号外圆偏刀精车各段外圆和倒角达到要求的尺寸精度。

④ 用 3 号切槽刀，进行切槽循环加工。

⑤ 用 4 号螺纹刀，进行螺纹循环加工。

⑥ 切断。

（4）选择刀具及切削用量

如表 3-7-1 所示。

表 3-7-1　螺纹轴零件数控加工工序卡

数控加工工序卡				零件图号	材料名称		零件数量
					45 钢		1
设备名称	数控车床	系统型号	FANUC	夹具名称	三爪卡盘	毛坯尺寸	φ40×70
工序号	工序内容			刀具号	主轴转速 /（r/min）	进给量 （mm/r）	背吃刀量 /mm
1	车端面			T0101	600	0.3	3
2	外圆粗加工			T0101	600	0.3	3
3	外圆精加工			T0202	1000	0.15	
4	切槽			T0303	500	0.05	
4	车螺纹			T0404	400	等于螺距值	
5	切断加工			T0202	500	0.15	

2. 编制加工程序单

如表 3-7-2 所示。

表 3-7-2　螺纹轴零件的数控加工程序单

零件号		零件名称	阶梯轴	编程原点	右端面中心
程序号	O0072	数控系统	FANUC	编制	
程序段号	程序内容			程序说明	
N10	G40 G21 G97 G99;				
N20	T0101;			选择 1 号刀（90° 外圆车刀），刀具补偿号为 01	
N30	M03 S600 F0.3;			参数设定	
N40	M08;			打开切削液	
N50	G00 X40.0 ;			刀具快速定位	
N55	Z3.0 ;				
N60	G71 U1.5 R0.5;			G71 外圆粗加工循环	
N70	G71 P80 Q200 U0.5 W0.02 ;				
N80	G00 X0;			N80 到 N200 之间为精加工程序段	
N90	G01 Z0;				
N100	X9.0;				
N110	X11.85 Z-1.5;				
N120	Z-16.0;				
N130	X14.0;				
N140	G03 X16.0 Z-17.0 R1.0;				

N150	G01 Z–28.0 ;	
N160	G03 X18.425 Z–44.0 R15.0;	
N170	G01 X19.925 Z–56.0;	
N180	X21.0 ;	
N190	X24.0 Z–57.5 ;	
N200	Z–62 ;	
N205	X35 ;	
N210	M09;	切削液停止
N220	M05;	主轴停止
N230	G00 X100.0 ;	退刀
N235	Z100.0;	
N240	T0202;	换 2 号刀
N250	M03 S1000 M08 F0.15 ;	主轴转速 1000r/min，进给速度 0.15mm/r
N260	G00 X40.0 Z3.0;	
N270	G70 P80 Q205 ;	G70 精加工
N280	G00 X100.0;	退刀
N290	Z100.0;	
N300	M09;	切削液停止
N310	M05;	主轴停止
N330	T0303;	换 3 号刀具，切槽刀刀宽 4mm
N340	M03 S500 F0.05;	主轴转速 500r/min，进给速度 0.05mm/r
N350	M08;	
N360	G00 X18.0 Z–16.0;	
N370	G01 X9.8 ;	
N380	G04 X2.0;	暂停
N390	G01 X18.0;	
N400	M09;	切削液停止
N410	M05;	主轴停止
N420	G00 X100.0;	退刀
N430	Z100.0;	
N440	T0404;	换 4 号刀
N450	M03 S400;	
N460	M08;	

续表

N470	G00 X12.0 Z3.0 ;	
N550	G76 P020060 Q50 R0.1;	用 G76 指令车削螺纹
N560	G76 X10.02 Z–14.0 P975 Q450 F1.5;	
N570	M09;	切削液停止
N580	M05;	主轴停止
N590	G00 X100.0;	退刀
N610	Z100.0;	
N620	T0303;	换 3 号刀具，切槽刀刀宽 4.5mm
N630	M03 S500 F0.05;	
N640	M08;	
N650	G00 Z–66.0;	
N660	X26.0;	
N670	G01 X2.0;	切断，保留 2mm 直径，没有完全切断
N675	X26.0	
N680	G00 X100.0;	
N690	Z100.0;	
N700	M05 ;	主轴停止退刀
N710	M30;	程序停止，程序光标返回到程序名处

3. 仿真加工

（1）启动软件

① 在"开始 \\ 程序 \\ 数控加工仿真系统"菜单里点击"数控加工仿真系统"，或者在桌面双击 图标以运行宇龙仿真系统，弹出数控加工仿真系统登录界面如图 3-7-2 所示。

图 3-7-2　宇龙仿真系统登录界面

选择"快速登录"或输入"用户名"和"密码"即可进入数控系统。

② 点击工具栏中的 按钮菜单"机床/选择机床…",弹出"选择机床"对话框,如图3-7-3所示,选择"数控系统""机床类型"。在选择前置刀架或后置刀架时,要注意的是前置刀架的车床 X 正方向指向操作者,后置刀架的车床 X 轴正方向远离操作者,但两者正方向的方位都符合以刀具远离工件表面为某方向的正方向的规定,且以前置刀架编写的程序在后置刀架的机床上完全不用修改都可以运行,在选择此选项时要注意机床坐标轴的正方向的定义。

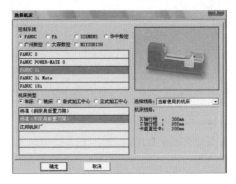

图 3-7-3　机床选择对话框

机床选择对话框确定后,进入 FANUC 0i 数控标准车床的机床界面,如图3-7-4所示为 FANUC 0i 标准车床操作面板,图3-7-5所示为 FANUC 0i 车床数控操作区及 MDI 键盘。

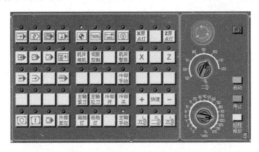

图 3-7-4　FANUC 0i 标准车床操作面板

图 3-7-5　FANUC 0i 车床数控操作区及 MDI 键盘

（2）定义毛坯

打开菜单［零件］,在下拉菜单中选取［定义毛坯］,弹出"定义毛坯"对话框,如图3-7-6所示。输入毛坯零件尺寸,完成以上操作后,按"确定"按钮,保存定义的毛坯并且退出本操作。

图 3-7-6 设定和安装毛坯

（3）放置零件

单击［零件］，在下拉菜单中选取［放置零件］，弹出"选择零件"对话框，如图 3-7-7 所示。选中毛坯 1，然后单击［安装零件］。毛坯的安装位置可通过操作对话框调整。如图 3-7-8 所示。

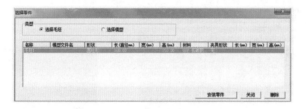

图 3-7-7 "选择零件"对话框

在列表中点击所需的零件，选中的零件信息加亮显示，按下"安装零件"按钮，系统自动关闭对话框，零件和夹具（如果已经选择了夹具）将被放到机床上。

对于卧式加工中心还可以在上述对话框中选择是否使用角尺板。如果选择了使用角尺板，那么在放置零件时，角尺板同时出现在机床台面上。

如果经过"导入零件模型"的操作，对话框的零件列表中会显示模型文件名，若在类型列表中选择"选择模型"，则可以选择导入零件模型文件，如图 3-7-8（a）所示。选择后零件模型即经过部分加工的成型毛坯被放置在机床台面上。如图 3-7-8（b）所示。

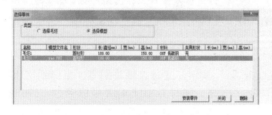

(a) 选择零件模型对话框   (b) 安装零件模型

图 3-7-8 选择零件模型

（4）调整零件位置

零件放置安装后，可以在工作台面上移动。毛坯在放置到工作台（三爪卡盘）后，系统将自动弹出一个小键盘（铣床、加工中心如图 3-7-9（a），车床如图 3-7-9（b）），通过按动小键盘上的方向按钮，实现零件的平移和旋转或车床零件调头。小键盘上的"退出"按钮用于关闭小键盘。选择菜单"零件/移动零件"也可以打开小键盘，如图 3-7-9（c）所示。

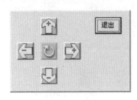

（a）铣床零件移动对话框　　（b）车床移动零件对话框　　（c）移动零件菜单

图 3-7-9　移动零件

（5）安装刀具

① 单击［机床］，在下拉菜单中选取［选择刀具］，弹出"车刀选择"对话框如图 3-7-10 所示。

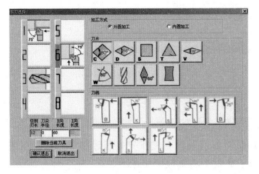

图 3-7-10　刀具选择对话框　　　　　图 3-7-11　刀具安装示意图

② 分别安装第一把刀为外轮廓车刀，第二把刀为 3 mm 宽切槽刀，第三把刀为 60° 螺纹车刀。单击［确认］退出，三把刀被安装在刀架上。如图 3-7-11 所示。

（6）激活机床

检查急停按钮是否处于松开至 ⬤ 状态，若未松开，点击急停按钮 ⬤ 将其松开。按下操作面板上的"启动"按钮，加载驱动，当"机床电机"和"伺服控制"指示灯亮，表示机床已被激活。

（7）回参考点

选择操作面板上的 X 轴，点击"+"按钮，此时 X 轴将回零，当回到机床参考点时，相应操作面板上"X 原点灯"的指示灯亮，同时 LCD 上的 X 坐标变为"390.000"。再选择操作面板上的 Z 轴，点击"+"按钮，此时 Z 轴将回零，当回到机床参考点时，相应操作面板上"Z 原点灯"的指示灯亮，同时 LCD 上的 Z 坐标变为"300.000"，如图 3-7-12 所示。

图 3-7-12　回参考点

（8）对刀操作

点击机床操作面板中手动操作按钮，将机床切换到 JOG 状态，进入"手动"方式，点击 Z 按钮选择机床移动的方向为 Z 方向，按下 快速 使机床以叠加速度快速移动，按住 — 将机床向负方向靠近工件移动；点击 X 按钮选择机床移动的方向为 X 方向按住 — 将机床向负方向移动。当刀具靠近工件时取消 快速，点击 按钮启动主轴。

① 对 X 方向。点击 X　　Z 键，选中 Z 轴，点击 +　快速　— 的负向移动按钮，用所选刀具试切工件外圆，如图 3-7-13（a）所示。然后，点击 +　快速　— 的正向移动按钮，Z 向退刀如图 3-7-13（b）所示。

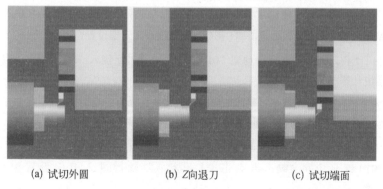

　(a) 试切外圆　　　　　　　(b) Z 向退刀　　　　　　　(c) 试切端面

图 3-7-13　试切对刀

a. 试切尺寸测量。点击 " " 按钮停止主轴，点击"测量"菜单执行"剖面图测量"命令后弹出图 3-7-14 所示提示窗口。

图 3-7-14　半径测量提示界面

选择"否"以进入测量窗口，如图 3-7-15 所示，一般情况下也不需要测量半径小于 1 的圆弧，因为小于 1 的圆弧都是刀尖半径引起的，如果概念不清楚很容易产生错误。

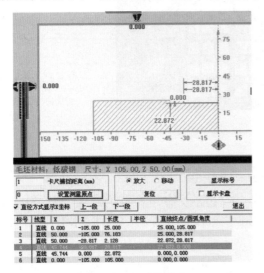

图 3-7-15　测量界面

图 3-7-16　刀补设置界面

在剖面图上用鼠标左键单击刚试切的圆柱面，系统会自动测量试切柱面的直径和长度，测量结果会高亮显示出来，本例试切直径结果为 45.744。

b. 设置刀偏。因为程序使用 T 指令调用工件坐标系，所以应该用 T 指令对刀。

点击 MDI 键盘上的 ，再点击"〔形状〕"软键进入刀偏设置窗口，如图 3-7-16 所示。

使用 将光标移动到"01"刀补，在缓冲区输入"X45.744"，点击"〔测量〕"，系统计算出 X 方向刀偏。

② 对 Z 方向。点击 按钮将机床的模式设置为手动模式。点击 按钮启动主轴。选择相应的倍率，移动刀具沿着 –X 方向试切工件端面，然后保持刀具 Z 方向位置不变，再沿 +X 方向退出刀具。点击 按钮停止主轴。由于是首次对刀，该试切端面选择为 Z 方向的编程原点。

点击 MDI 键盘上的 ，再点击"〔形状〕"软键进入刀偏设置窗口，使用 将光标移动到"01"刀补，在缓冲区输入"Z0."，点击"〔测量〕"，系统计算出 Z 方向刀偏。

通过 MDI 方式换刀，切槽刀和螺纹刀具依次按照同样的对刀方式完成对刀操作。

（9）编辑、导入程序

① 如果以上的加工程序需要在数控系统中直接编辑，则需要新建程序。

点击 ◇ 按钮机床进入编辑模式，点击 PROG 按钮进入程序管理窗口，如图 3-7-17 所示。

图 3-7-17 新建程序窗口

图 3-7-18 程序管理界面

在缓冲区输入程序编号"O0001"，点击 MAI 键盘上的 INSERT 键新建程序，在系统中直接编辑程序每一行必须以";"字符结束一行，所以点击 EOB E 输入";"，在点击 INSERT 键插入该字符，其他的程序行按此方法输入。

② 如果用 Word、记事本等将程序已经编辑并保存在文件中，这时只需要将程序导入数控系统中。

点击 ◇ 按钮机床进入编辑模式，点击 PROG 按钮进入程序管理窗口，如图 3-7-18 所示。

点击"［（操作）］"进入该命令下级菜单，点击 ▶ 软键翻页，执行"［READ］"命令，点击工具栏上的 命令，弹出文件选择窗口，将文件目录浏览到代码保存目录然后打开，在缓冲区输入程序编号，点击"［EXEC］"，这样就将程序导入数控系统。

（10）自动运行程序

点击操作面板上的 ⇨ 按钮将机床设置为自动运行模式。点击工具栏上的 以显示俯视图，点击 MDI 键盘 CUSTOM GRAPH 软键在机床模拟窗口进行程序校验。点击操作面板上的 ⇥ 按钮，分别设置机床的加工模式为单段运行有效，加工如果出现错误机床操作者也有时间反映；点击操作面板上的 ⊙ 按钮使选择性程序停止功能有效，这样程序执行到"M01"指令自动停止，因为零件还需要调头并再次对刀。

点击操作面板上的"循环启动"按钮 Ⅰ，程序开始执行。通过模拟轨迹校验验证程序语法和加工过程，如果没有问题则再次点击 MDI 键盘 CUSTOM GRAPH 软键以退出程序校验模式。点击操作面板上的"循环启动"按钮 Ⅰ，程序开始执行。加工结果如图 3-7-19 所示。点击"测量"菜单执行"剖面图测量"命令后弹出测量工件窗口，测量各段加工尺寸验证加工质量。

图 3-7-19 零件加工结果

第四章 数控铣削加工编程

第一节 数控铣床与加工中心加工工艺分析

一、数控铣床加工的内容和工艺特点

数控铣床是在一般铣床的基础上发展起来的由数字控制的自动加工机床，两者的加工工艺基本相同，结构也相似。与加工中心相比，数控铣床除了缺少自动换刀功能以及刀库外，其他方面均与加工中心类似，主要用于加工平面和曲面轮廓的零件进行铣削加工，还可以加工复杂型面的零件，如凸轮、样板、模具、螺旋槽等。同时也可以对零件进行钻、扩、铰、锪和镗孔加工。铣刀类型如图4-1-1所示。

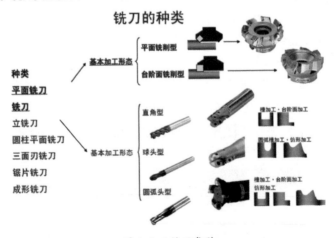

图 4-1-1 铣刀类型

1.数控铣削加工类型

① 工件上的圆弧曲线轮廓内、外形的加工，特别是由数学表达式给出的非圆曲线与列表

曲线等轮廓，通过插补功能和宏程序能实现较高精度的形状拟合。

② 由数学模型给出的三维空间曲线。

③ 形状复杂，尺寸繁多，画线与检测困难的零件部位。

④ 用通用铣床加工时难以观察，测量和控制进给的内、外凹槽。

⑤ 以尺寸协调的高精度孔与面。

⑥ 能在一次安装中一起铣削出来的简单表面或形状。

⑦ 采用数控铣能成倍提高生产率，大大减轻体力劳动的一般加工内容。

2. 下列加工内容不宜采用数控铣削加工

① 简单的粗加工面及需要长时间占机人工调整的粗加工内容。

② 毛坯上加工余量不充分或不太稳定的部位。

③ 必须按专用工装协调的加工内容，如标准样件、协调平板、模胎。

3. 数控铣床加工工艺的特点

数控铣削加工除了具有普通铣床加工的特点外，还有如下特点：

① 对零件加工的适应性强、灵活性好，能加工轮廓形状特别复杂或难以控制尺寸的零件，如模具类零件、壳体类零件等。

② 能加工普通机床无法加工或很难加工的零件，如用数学模型描述的复杂曲线零件以及三维空间曲面类零件。

③ 能加工一次装夹定位后，需进行多道工序加工的零件，如在卧式铣床上可方便地对箱体类零件进行钻孔、铰孔、扩孔、镗孔、攻螺纹、铣削端面、挖槽等多道工序的加工。

④ 加工精度高、加工质量稳定可靠。

⑤ 生产自动化程序高，可以减轻操作者的劳动强度。有利于生产管理自动化。

⑥ 生产效率高。一般可省去画线、中间检验等工作，可省去复杂的工装，减少对零件的安装、调整等工作。能通过选用最佳工艺线路和切削用量，有效地减少加工中的辅助时间，从而提高生产效率。

二、加工中心的内容和工艺特点

1. 加工中心的加工内容

加工中心适用于复杂、工序多、精度要求高、需用多种类型普通机床和繁多刀具、工装，经过多次装夹和调整才能完成加工的具有适当批量的零件。其主要加工对象有以下四类：

（1）箱体类零件

箱体类零件是指具有一个以上的孔系，并有较多型腔的零件，这类零件在机械、汽车、飞机等行业较多，如汽车的发动机缸体、变速箱体，机床的床头箱、主轴箱、柴油机缸体、齿轮泵壳体等。

箱体类零件在加工中心上加工，一次装夹可以完成普通机床 60%～95% 的工序内容，零件各项精度一致性好，质量稳定，同时可缩短生产周期，降低成本。对于加工工位较多、工作台需多次旋转角度才能完成的零件，一般选用卧式加工中心；当加工的工位较少，且跨距不大时，可选立式加工中心，从一端进行加工。

（2）复杂曲面

在航空航天、汽车、船舶、国防等领域的产品中，复杂曲面类占有较大的比重，如叶轮、螺旋桨、各种曲面成型模具等。

就加工的可能性而言，在不出现加工干涉区或加工盲区时，复杂曲面一般可以采用球头铣刀进行三坐标联动加工，加工精度较高，但效率较低。如果工件存在加工干涉区或加工盲区，就必须考虑采用四坐标或五坐标联动的机床。

（3）异形件

异形件是外形不规则的零件，大多需要点、线、面多工位混合加工，如支架、基座、样板、靠模等。异形件的刚性一般较差，夹压及切削变形难以控制，加工精度也难以保证，这时可充分发挥加工中心工序集中的特点，采用合理的工艺措施，一次或两次装夹，完成多道工序或全部的加工内容。

（4）盘、套、板类零件

带有键槽、径向孔或端面有分布孔系以及有曲面的盘套或轴类零件，还有具有较多孔加工的板类零件，适宜采用加工中心加工。端面有分布孔系、曲面的零件宜选用立式加工中心，有径向孔的可选卧式加工中心。

2. 加工中心的工艺特点

与普通机床加工相比，加工中心具有许多显著的工艺特点。

（1）工艺范围宽，能加工复杂曲面

与数控铣床一样，加工中心也能实现多坐标轴联动而容易实现许多普通机床难以完成或无法加工的空间曲线、曲面的加工，大大增加了机床的工艺范围。

（2）具有高度柔性，便于研制、开发新产品

所谓柔性即"灵活""可变"，是相对"刚性"而言的。过去，许多企业采用组合机床、专用机床或专用靠模进行高效、自动化生产，但这些组合机床、专用机床是专门针对某种零件的某道工序而设计的，适用于产品稳定的大批量生产，无法适应多品种、小批量生产。现在，即便是大批量生产的产品，品种多年一成不变的历史也已一去不复返，一旦品种发生变化，这些组合机床、专用机床基本就无法继续使用，组合机床、专用机床的应用越来越少，正在被数控设备所取代。一般的机械仿形加工机床能加工一些较复杂的零件，但产品变形后，必须重新设计和制造凸轮、靠模、样板或钻模等，生产准备周期较长。而加工中心当加工对象改变后，只需变换加工程序、调整刀具参数等即可进行新零件加工，生产准备周期大大缩短，给新产品的研制开发产品的改进、改型提供了捷径。同时，由于加工中心具有自动换刀功能，右加工各种不同种类的零件、各种各样的表面方面比数控铣床更有优势。

（3）加工精度高，表面质量好

加工的零件一致性好，质量稳定。加工中心多采用半闭环甚至全闭环的位置补偿功能，有较高的定位精度和重复定位精度，在加工过程中产生的尺寸误差能及时得到补偿，能获得较高的尺寸精度；加工中心采用插补原理确定加工轨迹，加工的零件形状精度高；在加工中心上加工，工序高度集中，一次装夹即可加工出零件上大部分表面，精度要求高、表面质量要求好的零件宜选用加工中心加工。

另外，加工中心的整个加工过程由程序自动控制，不受操作者人为因素的影响，同时，没有凸轮、靠模等硬件，省去了制造和使用中磨损等所造成的误差，加上机床的位置补偿功能、较高的定位精度和重复定位精度，加工出的零件尺寸一致性好。这对于批量和大量生产特别有利。

（4）生产率高

零件的加工时间包括机动时间和辅助时间，加工中心能有效地减少这两部分时间。加工中心刚度大、功率大，主轴转速和进给速度范围大且为无级变速，所以每道工序都可选择较

大而合理的切削用量，减少了机动时间，加工中心加工时能在一次装夹中加工出很多待加工的部位，省去了通用机床加工时原有的不少中间工序（如画线、检验等）。加工中心具有自动变速、自动换刀和其他辅助操作自动化等功能，使辅助时间大为缩短。所以，它比普通机床的生产效率高 3 ～ 4 倍甚至更高，对复杂型面零件的加工，其生产效率可提高十几倍甚至几十倍。此外，加工中心加工出的零件也为后续工序（如装配等）带来了许多方便，其综合效率更高。

（5）减轻了工人的体力劳动强度

一般情况下，操作者只要在机床旁边观察和监督机床的运行情况，此外再做一些装卸零件及更换刀具的工作。当然，加工中心操作者的脑力劳动强度相应增大，要处理许多在普通机床加工时很少见的数学问题、数控加工程序问题、微电子问题、信息问题、自动控制技术应用问题等。

（6）一机多用

加工中心具备了多台普通机床的功能，可自动换刀，一次装夹后，几乎可完成全部加工部位的加工。

（7）便于实现计算机辅助制造

计算机辅助设计与制造，（CAD/CAM）已成为航空航天、汽车、船舶及各种机械工业实现现代化的必由之路。而将用计算机辅助设计出来的产品图纸及数据变为实际产品的最有效途径，就是采取计算机辅助制造技术直接制造出零部件。加工中心等数控设备及其加工技术正是计算机辅助制造系统的基础。

加工中心的工序集中加工方式固然有其独特的优点，同时也带来一些加工过程中的问题，在实际应用中需加以考虑。

① 由于连续加工，粗加工与精加工之间无时间间隔，粗加工产生的高温使冷却后尺寸变动，影响零件精度。可在加工过程中开启切削液充分冷却。

② 零件由从毛坯直接加工为成品，一次装夹中金属切除量大、几何形状变化大，没有释放应力的过程，加工完后一段时间内应力释放，使工件产生变形。

③ 切屑量大，切屑的堆积、缠绕等会影响加工的顺利进行及零件表面质量，甚至使刀具损坏、工件报废。

④ 装夹零件的夹具必须满足既能承受粗加工中大的切削力，又能在精加工中准确定位的要求，而且零件夹紧变形要小。

⑤ 由于自动换刀（ATC）的应用，使工件尺寸受到一定的限制，钻孔深度、刀具长度、刀具直径及刀具质量也要加以考虑。

三、数控铣削工艺分析

1. 数控加工零件的工艺性分析

对数控加工零件的工艺性分析，主要包括产品的零件图样分析和结构工艺性分析两部分。

（1）零件图样分析

① 检查零件图的完整性和正确性。

由于加工程序是以准确的坐标点来编制的，构成零件轮廓的几何元素（点、线、面）的条件（如相切、相交、垂直和平行等），是数控编程的重要依据。手工编程时，要依据这些条件计算每一个节点的坐标；因此，在分析零件图样时，各图形几何要素间的相互关系（如相切、相交、垂直、平行和同心等）应明确，各种几何要素的条件要充分，应无引起矛盾的多余尺寸或影响工序安排的封闭尺寸等。务必要分析几何元素的给定条件是否充分，发现问题及时与设计人员协商解决。

②零件图上尺寸标注方法应适应数控加工的特点，如图 4-1-2 所示，在数控加工零件图上，应以同一基准标注尺寸或直接给出坐标尺寸。

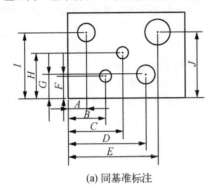
(a) 同基准标注

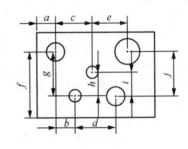
(b) 分散标注

图 4-1-2　零件尺寸标注分析

③分析被加工零件的设计图纸，根据标注的尺寸公差和形位公差等相关信息，将加工表面区分为重要表面和次要表面，并找出其设计基准，进而遵循基准选择的原则，确定加工零件的定位基准，分析零件的毛坯是否便于定位和装夹，夹紧方式和夹紧点的选取是否会有碍刀具的运动，夹紧变形是否对加工质量有影响等。为工件定位、安装和夹具设计提供依据。

（2）零件结构工艺性分析及处理

①零件图纸上的尺寸标注应方便编程。

在实际生产中，零件图纸上尺寸标注对工艺性影响较大，为此对零件设计图纸应提出不同的要求。

②分析零件的变形情况，保证获得要求的加工精度。

过薄的底板或肋板，在加工时由于产生的切削拉力及薄板的弹力退让极易产生切削面的振动，使薄板厚度尺寸公差难以保证，其表面粗糙度也增大。零件在数控铣削加工时的变形，不仅影响加工质量，而且当变形较大时，将使加工不能继续下去。

预防措施：

a.对于大面积的薄板零件，改进装夹方式，采用合适的加工顺序和刀具；

b.采用适当的热处理方法：如对钢件进行调质处理，对铸铝件进行退火处理；

c.粗、精加工分开及对称去除余量等措施来减小或消除变形的影响。

（3）尽量统一零件轮廓内圆弧的有关尺寸

①轮廓内圆弧半径 R 常常限制刀具的直径。

在一个零件上，凹圆弧半径在数值上一致性的问题对数控铣削的工艺性显得相当重要。零件的外形、内腔最好采用统一的几何类型或尺寸，这样可以减少换刀次数。

一般来说，即使不能寻求完全统一，也要力求将数值相近的圆弧半径分组靠拢，达到局部统一，以尽量减少铣刀规格和换刀次数，并避免因频繁换刀而增加了零件加工面上的接刀痕迹，降低表面质量。

②转接圆弧半径值大小的影响。

转接圆弧半径大，可以采用较大直径铣刀加工，效率高，且加工表面质量也较好，因此工艺性较好。

铣削面的槽底面圆角或底板与肋板相交处的圆角半径 r 越大，铣刀端刃铣削平面的能力越差，效率也越低。当 r 达到一定程度时甚至必须用球头铣刀加工，这是应当避免的。

当铣削的底面面积较大，底部圆弧 r 也较大时，我们只能用两把 r 不同的铣刀分两次进行切削。

（4）保证基准统一原则

有些零件需要在加工中重新安装，而数控铣削不能使用"试切法"来接刀，这样往往会因为零件的重新安装而接不好刀。这时，最好采用统一基准定位，因此零件上应有合适的孔作为定位基准孔。如果零件上没有基准孔，也可以专门设置工艺孔作为定位基准。

2. 表面加工方法的选择

零件结构形状是多种多样的，铣削对象一般由平面、平面轮廓、孔、槽、曲面等表面组成。表面加工方法的选择，就是为零件上每一个有质量要求的表面选择一套合理的加工方法。

在选择时，一般先根据表面的精度和粗糙度要求选定最终加工方法，然后再确定精加工前准备工序的加工方法，即确定加工方案。由于获得同一精度和粗糙度的加工方法往往有几种，在选择时除了考虑生产率要求和经济效益外，还应考虑下列因素：

① 工件材料的性质，如钢与铜、铝与较硬的材料切削性能不同在加工方法上也会不同。

② 工件的结构和尺寸，结构和尺寸决定着装夹和刀具的选择，同时也影响加工方法的选择。

③ 生产类型，同一零件单件或批量生产上在加工方法上有很大的不同。

④ 具体生产条件，加工方法选择受现有加工设备的功能和技术参数、工装设备及刀具等条件限制。

3. 加工阶段的划分

对于那些加工质量要求较高或较复杂的零件，通常将整个工艺路线划分为以下几个阶段：

① 粗加工阶段——主要任务是切除各表面上的大部分余量，使毛坯在形状上接近零件成品，其主要目的是提高生产率。

② 半精加工阶段——主要是使零件表面达到一定的精度，留有一定的精加工余量，并为主要表面的精加工做准备，并完成次要表面的加工，如扩孔、攻丝、铣键槽等。

③ 精加工阶段——保证各主要表面达到图样上尺寸精度和表面粗糙度要求，目的是全面保证加工质量。

④ 光整加工阶段——对于表面粗糙度要求很细（ $Ra0.2\ \mu m$ 以下）和尺寸精度（IT6级以上）要求很高的表面，还需要进行光整加工阶段。这个阶段的主要目的是提高尺寸精度，减少表面粗糙度，一般不能用于提高形状精度和位置精度。常用的加工方法有金刚镗、研磨、珩磨、超精加工、镜面磨、抛光及无屑加工等。

4. 加工顺序的安排

（1）铣削加工顺序的安排

① 基面先行。零件上用来作定位装夹的精基准的表面应优先加工出来，这样定位越精确，装夹误差就块越小。如箱体零件总是先加工定位用的平面和两个定位孔，再以平面和定位孔为精基准面装夹定位后，加工其他孔系和平面。② 先粗后精。按粗加工、半精加工、精加工、光整加工的顺序依次进行。③ 先主后次。先加工零件上的主要表面、装配基面，能及早发现毛坯中可能出现的缺陷。次要表面可穿插进行，放在主要加工表面加工到一定程度后，精加工之前进行。④ 先面后孔。在铣削平面轮廓尺寸较大零件或支架类零件时，一般先加工平面，

再加工孔和其他尺寸。一方面用加工过的平面定位，稳定可靠，另外在加工过的平面上加工孔，使钻孔时孔的轴线不易偏斜，提高孔的加工精度。

（2）热处理工序的安排

热处理可以提高材料的力学性能，改善金属的切削性能以及消除残余应力。在制订工艺路线时，应根据零件的技术要求和材料的性质，合理地安排热处理工序。

① 退火与正火的目的是为了消除组织的不均匀，细化晶粒，改善金属的加工性能。对高碳钢零件用退火降低其硬度，对低碳钢零件用正火提高其硬度，以获得适中的较好的可切削性，同时能消除毛坯制造中的应力。退火与正火一般安排在机械加工之前进行。

② 时效处理以消除内应力、减少工件变形为目的。为了消除残余应力，在工艺过程中需安排时效处理。对于一般铸件，常在粗加工前或粗加工后安排一次时效处理；对于要求较高的零件，在半精加工后尚需再安排一次时效处理；对于一些刚性较差、精度要求特别高的重要零件（如精密丝杠、主轴等），常常在每个加工阶段之间安排一次时效处理。

③ 调质对零件淬火后再高温回火，能消除内应力、改善加工性能并能获得较好的综合力学性能。一般安排在粗加工之后进行。对一些性能要求不高的零件，调质也常作为最终热处理。

④ 淬火、渗碳淬火和渗氮它们的主要目的是提高零件的硬度和耐磨性，常安排在精加工（磨削）之前进行，其中渗氮由于热处理温度较低，零件变形很小，也可以安排在精加工之后。

（3）辅助工序的安排

检验工序是主要的辅助工序，除每道工序由操作者自行检验外，在粗加工之后，精加工之前，零件转换车间时，以及重要工序之后和全部加工完毕、进库之前，一般都要安排检验工序。

除检验外，其他辅助工序有：表面强化和去毛刺、倒棱、清洗、防锈等。正确地安排辅助工序是十分重要的。如果安排不当或遗漏，将会给后续工序和装配带来困难，甚至影响产品的质量，所以必须给予重视。

5. 工序的划分

工序顺序的安排应根据零件的结构和毛坯状况、定位和夹紧的需要来考虑，重点是保证定位夹紧工件的刚性和有利于保证精度。

经过以上所述，零件加工的工步顺序已经排定，如何将这些工步组成工序，就需要考虑采用工序集中还是工序分散的原则。

（1）工序集中

就是将零件的加工集中在少数几道工序中完成，每道工序加工内容多，工艺路线短。其主要特点是：

① 可以采用高效机床和工艺装备，生产率高；

② 减少了设备数量以及操作工人人数和占地面积，节省人力、物力；

③ 减少了工件安装次数，利于保证表面间的位置精度；

④ 采用的工装设备结构复杂，调整维修较困难，生产准备工作量大。

（2）工序分散

工序分散就是将零件的加工分散到很多道工序内完成，每道工序加工的内容少，工艺路线很长。其主要特点是：

① 设备和工艺装备比较简单，便于调整，容易适应产品的变换；

② 对工人的技术要求较低；

③ 可以采用最合理的切削用量，减少机动时间；

④ 所需设备和工艺装备的数目多，操作工人多，占地面积大。

在数控铣床或加工中心上加工零件时，一般采用工序集中的原则划分工序。在数控机床上特别是在加工中心上加工零件，由于其工艺特点，工序十分集中，许多零件只需在一次装卡中就能完成全部工序。但是零件的粗加工，特别是铸、锻毛坯零件的基准平面、定位面等的加工应在普通机床上完成之后，再装卡到数控机床上进行加工。这样可以发挥数控机床的特点，保持数控机床的精度，延长数控机床的使用寿命，降低数控机床的使用成本。在数控机床上加工零件。

6. 工序划分的方法

（1）刀具集中分序法

即按所用刀具划分工序，用同一把刀加工完零件上所有可以完成的部位，在用第二把刀、第三把刀完成它们可以完成的其他部位。这种分序法可以减少换刀次数，压缩空程时间，减少不必要的定位误差。

（2）粗、精加工分序法

这种分序法是根据零件的形状、尺寸精度等因素，按照粗、精加工分开的原则进行分序。对单个零件或一批零件先进行粗加工、半精加工，而后精加工。粗精加工之间，最好隔一段时间，以使粗加工后零件的变形得到充分恢复，再进行精加工，以提高零件的加工精度。

（3）按加工部位分序法

即先加工平面、定位面，再加工孔；先加工简单的几何形状，再加工复杂的几何形状；先加工精度比较低的部位，再加工精度要求较高的部位。

总之，在数控机床上加工零件，其加工工序的划分要视加工零件的具体情况具体分析。要注意工序间的衔接，上道工序的加工不能影响下道工序的定位与夹紧，中间穿插普通机床加工工序的也要综合考虑。先进行内形、内腔的加工工序，后进行外形加工工序；以相同定位、夹紧方式，或用同一把刀具加工的工序，最好连接进行，以减少重复定位次数、换刀次数与挪动压紧元件次数；在同一次安装中进行的多道工序，应先安排对刚性破坏较小的工序。

四、数控铣削加工工艺制定

通过零件图分析和工艺分析完成后，各道数控加工工序的内容已经基本确定，接下来便可以着手工艺的制定。其主要任务是进一步把本工序的加工内容、加工用量、工艺装备、定位夹紧方式以及刀具的运动轨迹都具体确定下来，为编制加工程序作好详细的准备，主要内容有走刀路线的确定、零件装夹及夹具选择、对刀点和换刀点的确定、刀具选择、切削用量选择等。

1. 走刀路线的确定

走刀路线是刀具在整个加工工序中的运动轨迹，即刀具从对刀点（或机床原点）开始运动，直至返回该点并结束程序所经过的路径，它不但反映了工步的内容，也反映出工步的顺序。工步的划分与安排一般随走刀路线来进行。

走刀路线确定要点：

（1）在保证加工质量的前提下，应寻求最短走刀路线，以减少整个加工过程中的空行程时间，提高加工效率。

（2）保证零件轮廓表面粗糙度要求，当零件的加工余量较大时，可采用多次进给逐渐切削的方法，最后留少量的精加工余量（一般 0.2～0.5 mm），安排在最后一次走刀连续加工出来。

（3）刀具的进退刀应沿切线方向切入和切出，并且在轮廓切削过程中要避免停顿，以免因切削力突然变化而造成弹性变形，致使在零件轮廓上留下刀具的刻痕。

2. 顺、逆铣及切削方向和方式的确定

在铣削加工中，若铣刀的走刀方向与在切削点的切削分力方向相反，称为顺铣；反之则称为逆铣。由于采用顺铣方式时，零件的表面精度和加工精度较高，并且可以减少机床的"颤振"，所以在铣削加工零件轮廓时应尽量采用顺铣加工方式。

若要铣削内沟槽的两侧面，就应来回走刀两次，保证两侧面都是顺铣加工方式，以使两侧面具有相同的表面加工精度。

加工内槽可使用平底铣刀，刀具边缘部分的圆角半径应符合内槽的图纸要求。内槽的切削分两步，第一步切内腔，第二步切轮廓。切轮廓通常又分为粗加工和精加工两步。粗加工时从内槽轮廓线向里平移铣刀半径 R 并且留出精加工余量 y。由此得出的粗加工刀位线形是计算内腔走刀路线的依据。切削内腔时，环切和行切在生产中都有应用。两种走刀路线的共同点是都要切净内腔中的全部面积，不留死角，不伤轮廓，同时尽量减少重复走刀的搭接量。环切法的刀位点计算稍复杂，需要一次一次向里收缩轮廓线，算法的应用局限性稍大，例如当内槽中带有局部凸台时，对于环切法就难于设计通用的算法。

从走刀路线的长短比较，行切法要略优于环切法。但在加工小面积内槽时，环切的程序量要比行切小。

3. 零件装夹及夹具选择

在数控加工中，既要保证加工质量，又要减少辅助时间，提高加工效率。因此，应选用能准确和迅速定位并夹紧零件的装夹方案和夹具。

在安装工件前，一般要尽量减少装夹次数，力争做到在一次装夹后能加工出全部待加工表面，以充分发挥数控机床的效能。定位基准要预先加工完毕。当有些零件需要二次装夹时，要尽可能利用同一基准面来加工另一些待加工表面，以减少加工误差。

数控加工要保证夹具本身在机床上安装准确并且要协调零件和机床坐标系的尺寸关系。

夹具选择要点：① 夹具结构力求简单。② 装卸零件要快速方便，以减少数控机床停机时间。③ 要使加工部位开敞，夹具机构上的各部件不得妨碍加工中的走刀。④ 夹具在机床上安装要准确可靠，以保证工件在正确的位置上加工。⑤ 夹具要有足够的刚度和强度，以保证零件的加工精度。

4. 制定数控铣削加工工艺

选择并确定数控铣削加工的内容：数控铣削加工有着自己的特点和适用对象，若要充分发挥数控铣床的优势和关键作用，就必须正确选择数控铣床类型、数控加工对象与工序内容。通常将下列加工内容作为数控铣削加工的主要选择对象：① 工件上的曲线轮廓，特别是有数学表达式给出的非圆曲线与列表曲线等曲线轮廓；② 已给出数学模型的空间曲面；③ 形状复杂、尺寸繁多、画线与检测困难的部位；④ 用通用铣床加工时难以观察、测量和控制进给的内外凹槽；⑤ 以尺寸协调的高精度孔或面；⑥ 能在一次安装中顺带铣出来的简单表面或形状；⑦ 采用数控铣削后能成倍提高生产率，大大减轻体力劳动强度的一般加工内容。

此外，立式数控铣床和立式加工中心适于加工箱体、箱盖、平面凸轮、样板、形状复杂的平面或立体零件，以及模具的内、外型腔等；卧式数控铣床和卧式加工中心适于加工复杂的箱体类零件、泵体、阀体、壳体等；多坐标联动的卧式加工中心还可以用于加工各种复杂的曲线、曲面、叶轮、模具等。

五、数控铣削的特点及对刀具的要求

相对于车削加工，铣削加工是通过主轴的旋转，带动铣刀旋转进行切削加工，铣刀是一种多齿刀具，数控铣削刀具主要有以下特点和要求。

1. 铣削刀具加工的特点

① 铣刀各刀齿周期性地参与断续切削，冲击、振动大；

② 多刀多刃切削，每个刀齿在切削过程中的切削厚度是变化的；

③ 半封闭式切削；

④ 切削负荷呈周期变化。

2. 数控铣削刀具的基本要求

刀具是充分发挥数控铣床和加工中心生产效率、保证加工质量的前提。数控铣削刀具除适应零件的工艺性要求，还应满足高强度、高刚性、高精度、高速度及高寿命和调整方便等基本要求。较高的刚性是为提高生产效率而采用大切削用量的需要，防止振动影响加工质量；高的耐用度可有效延长使用寿命，减少换刀引起的调刀与对刀次数，保证工件的表面质量与加工精度。

3. 数控铣刀的选择

（1）面铣刀主要参数选择

标准可转位面铣刀直径在 $\phi16 \sim \phi630$ mm。粗铣时直径要小些，精铣时铣刀直径要大些，尽量包容工件整个加工宽度，减少相邻两次进给之间的接刀痕迹。依据工件材料和刀具材料以及加工性质确定其几何参数。

（2）立铣刀主要参数选择

① 刀具半径 r 应小于零件内轮廓最小曲率半径 ρ。

② 零件的加工高度 $H \leqslant (1/4 \sim 1/6) r$。

③ 不通孔或深槽选取 $l=H+(5 \sim 10)$ mm。

④ 加工肋时刀具直径为 $D=(5 \sim 10) b$。

（3）加工中心刀具的选择

加工中心刀具通常由刃具和刀柄两部分组成，刃具有面加工用的各种铣刀和孔加工用的各种钻头、扩孔钻、镗刀、铰刀及丝锥等，刀柄要满足机床主轴自动松开和夹紧定位，并能准确地安装各种刀具和适应换刀机械手的夹持等要求。

对加工中心刀具的基本要求有刀具应有较高的刚度，重复定位精度高，刀刃相对主轴的一个定位点的轴向和径向位置应能准确调整等要求。

（4）刀柄的选择

① 依据被加工零件的工艺选择刀柄。

② 刀柄配备的数量：与被加工零件品种、规格、数量、难易程度、机床负荷有关。

③ 正确选择刀柄柄部形式。

④ 坚持选择加工效率高的刀柄。

⑤ 综合考虑合理选用模块式和复合式刀柄。

数控铣床及加工中心上常用的刀具平底立铣刀、端面铣刀、铣槽铣刀以及模具类零件加工中经常使用的球头刀、环形刀、鼓形刀和锥形刀等，如图4-1-3所示。刀具选用要根据被加工零件的材料、几何形状、表面质量要求、热处理状态、切削性能及加工余量等，选择刚性好、耐用度高的刀具。

图 4-1-3 数控铣刀的选择

4. 铣刀类型的选择

按铣刀结构和安装方法可分为带柄铣刀和带孔铣刀。

（1）带柄铣刀

带柄铣刀有直柄和锥柄之分。一般直径小于 20 mm 的较小铣刀做成直柄。直径较大的铣刀多做成锥柄。这种铣刀多用于立铣加工。

① 端铣刀。由于其刀齿分布在铣刀的端面和圆柱面上，固多用于立式升降台铣床上加工平面，也可用于卧式升降台铣床上加工平面。

② 立铣刀。它是一种带柄铣刀，有直柄和锥柄两种，适于铣削端面、斜面、沟槽和台阶面等。

③ 键槽铣刀和 T 形槽铣刀。它们是专门加工键槽和 T 形槽的。

④ 燕尾槽铣刀。专门用于铣燕尾槽。

（2）带孔铣刀

带孔铣刀适用于卧式铣床加工，能加工各种表面，应用范围较广。

① 圆柱铣刀。由于它仅在圆柱表面上有切削刃，固用于卧式升降台铣床上加工平面。

② 三面刃铣刀和锯片铣刀。三面刃铣刀一般用于卧式升降台铣床上加工直角槽，也可以加工台阶面和较窄的侧面等。锯片铣刀主要用于切断工件或铣削窄槽。

③ 模数铣刀。用来加工齿轮等

六、切削用量的选择

切削用量的选择必须在机床主传动功率、进给传动功率以及主轴转速范围、进给速度范围之内。机床—刀具—工件系统的刚性是限制切削用量的重要因素。切削用量的选择应使机床—刀具—工件系统不发生较大的"振颤"。如果机床的热稳定性好，热变形小，可适当加大切削用量。

刀具材料是影响切削用量的重要因素。数控机床所用的刀具多采用可转位刀片（机夹刀片）并具有一定的寿命。机夹刀片的材料和形状尺寸必须与程序中的切削速度和进给量相适应并存入刀具参数中。 工件不同的工件材料要采用与之适应的刀具材料、刀片类型，要注意到可切削性。可切削性良好的标志是，在高速切削下有效地形成切屑，同时具有较小的刀具磨损和较好的表面加工质量。较高的切削速度、较小的背吃刀量和进给量，可以获得较好的表面粗糙度。合理的恒切削速度、较小的背吃刀量和进给量可以得到较高的加工精度。冷却液同时具有冷却和润滑作用。带走切削过程产生的切削热，降低工件、刀具、夹具和机床的温升，减少刀具与工件的摩擦和磨损，提高刀具寿命和工件表面加工质量。使用冷却液后，通常可以提高切削用量。冷却液必须定期更换，以防因其老化而腐蚀机床导轨或其他零件，特别是水溶性冷却液。铣削加工的切削用量包括：切削速度、进给速度、背吃刀量和侧吃刀量。从刀具耐用度出发，切削用量的选择方法是：先选择背吃刀量或侧吃刀量，其次选择进给速度，最后确定切削速度。

1. 背吃刀量 a_p 或侧吃刀量 a_e

背吃刀量 a_p 为平行于铣刀轴线测量的切削层尺寸，单位为 mm。端铣时，a_p 为切削层深度；而圆周铣削时，为被加工表面的宽度。侧吃刀量 a_e 为垂直于铣刀轴线测量的切削层尺寸，单位为 mm。端铣时，a_e 为被加工表面宽度；而圆周铣削时，a_e 为切削层深度。如图317所示。

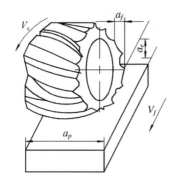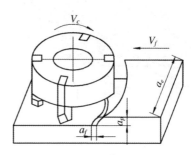

图 4-1-4　铣削加工的切削用量

背吃刀量或侧吃刀量的选取主要由加工余量和对表面质量的要求决定：

① 当工件表面粗糙度值要求为 R_a=12.5 ～ 25 μm 时，如果圆周铣削加工余量小于 5 mm，端面铣削加工余量小于 6 mm，粗铣一次进给就可以达到要求。但是在余量较大，工艺系统刚性较差或机床动力不足时，可分为两次进给完成。

② 当工件表面粗糙度值要求为 R_a=3.2 ～ 12.5 μm 时，应分为粗铣和半精铣两步进行。粗铣时背吃刀量或侧吃刀量选取同前。粗铣后留 0.5 ～ 1.0 mm 余量，在半精铣时切除。

③ 当工件表面粗糙度值 R_a=0.8 ～ 3.2 μm 时，应分为粗铣、半精铣、精铣三步进行。半精铣时背吃刀量或侧吃刀量取 1.5 ～ 2 mm；精铣时，圆周铣侧吃刀量取 0.3 ～ 0.5 mm，面铣刀背吃刀量取 0.5 ～ 1 mm。

2. 进给量 f 与进给速度 V_f 的选择

削加工的进给量 f（mm/r）是指刀具转一周，工件与刀具沿进给运动方向的相对位移量；进给速度 V_f（mm/min）是单位时间内工件与铣刀沿进给方向的相对位移量。进给速度与进给量的关系为 $V_f = nf$（n 为铣刀转速，单位 r/min）。进给量与进给速度是数控铣床加工切削用量中的重要参数，根据零件的表面粗糙度、加工精度要求、刀具及工件材料等因素，参考切削用量手册选取或通过选取每齿进给量 f_z，再根据公式 $f=Zf_z$（Z 为铣刀齿数）计算。每齿进给量 f_z 的选取主要依据工件材料的力学性能、刀具材料、工件表面粗糙度等因素。工件材料强度和硬度越高，f_z 越小；反之则越大。硬质合金铣刀的每齿进给量高于同类高速钢铣刀。工件表面粗糙度要求越高，f_z 就越小。

3. 切削速度 V_c

铣削的切削速度 V_c 与刀具的耐用度、每齿进给量、背吃刀量、侧吃刀量以及铣刀齿数成反比，而与铣刀直径成正比。其原因是当 f_z、a_p、a_e 和 Z 增大时，刀刃负荷增加，而且同时工作的齿数也增多，使切削热增加，刀具磨损加快，从而限制了切削速度的提高。为提高刀具耐用度允许使用较低的切削速度。但是加大铣刀直径则可改善散热条件，可以提高切削速度。

七、常用的夹紧方法

数控铣加工中最通用的夹具是压板（图 4-1-5）和平口钳（图 4-1-6）。

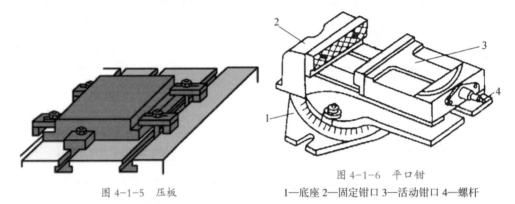

图 4-1-5　压板

图 4-1-6　平口钳
1—底座 2—固定钳口 3—活动钳口 4—螺杆

中、大型工件加工基本上都用压板压装。压板压装的锁紧力最大，除非受到猛烈撞击，基本上不会发生加工件走动的现象。压板压装的工件，与 X 或 Y 轴的平行校正比较方便，工件 XY 平面的水平校正不需要进行，由工件本身底平面和上平面之间的平行度来保证。装夹时必须把机床台面和工件的底平面非常仔细地擦干净，如果工件底平面的棱边上有毛刺，也一定要去除干净，否则会给后续工作带来很多意想不到的麻烦。

压板压装的压装螺丝不要太长，一般以刚好超出工件厚度再加上一个压板、螺帽和垫圈的厚度为宜，避免过长的压装螺丝碰到刀夹或主轴头，这情况加工在大型深型腔加工时尤其要注意不要把压板放在加工轨迹通过的位置上。压板与工件之间一般应垫一层硬纸或铜皮之类的软金属。压板一定要放平，因此一定要调整垫铁与工件等高。视工件大小和切削程度的不同，压板可用二个或四个，多个压板共压一个工件时，要注意几个压板要同时均匀地锁紧，不要先锁紧一个，再锁紧另一个。如果工件可压装的地方小，只能压一个压板，则常常要考虑用辅助的垫铁压板在工件周围进行支撑。

大部分小零件的加工是采用机用虎钳装夹的方法。机用虎钳装夹的方法使用上最简便，它一次把钳口校平了就不需要再每次校平工件，工件的锁紧也最方便。但机用虎钳装夹的方法却也是最不可靠的一种装夹方法。

通常由于机用虎钳装夹时，工件的装夹量都不大，因此虎钳的锁紧力不大。虽然用机用虎钳装夹不需要每次校 X 或 Y 轴的平行，但工件 XY 平面的水平校正却费事费力，如果工件底面是平面，我们还可在虎钳和工件之间垫一块垫铁，帮助垫平。但如果工件底面不是平面，那麻烦可就多了，因为虎钳的钳口容易变形，它本身的垂直度就不易保证，虎钳锁得紧点与锁得松点，都会影响装在虎钳上工件的垂直度和水平度。这情况在旧的机用虎钳上表现尤为明显。

用机用虎钳装夹时，工件应该装在钳口的中央。如果这个工件只能装在钳口的一端，那么，在钳口的另一端一定要放一块与工件同样厚度的材料，否则，不但夹不紧工件，而且容易损坏虎钳。

机用虎钳装夹的方法，只适用于小零件或承载不大的切削力，如果有强力切削最好不要用虎钳装夹。注意用虎钳装夹时，加工面离钳口越近越好，太高的工件是不宜用虎钳装夹的。否则可能造成严重的后果。

技能提升

如图 4-1-7 所示座盒零件图，零件材料为 YL12CZ，采用立式加工中心加工，单件生产。试分析零件的加工工艺。

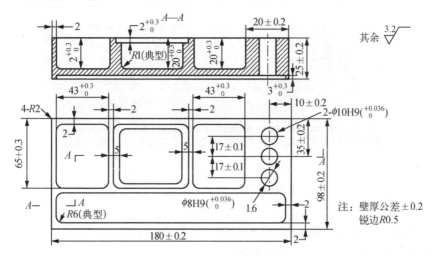

图 4-1-7　座盒零件图

1. 零件图分析

该零件主要由平面、型腔以及孔系组成。零件尺寸较小，正面有 4 处大小不同的矩形槽，深度均为 20 mm，在右侧有 2 个 $\phi10$，1 个 $\phi8$ 的通孔，反面是 1 个 176 mm × 94 mm，深度为 3 mm 的矩形槽。该零件形状结构并不复杂，尺寸精度要求也不是很高，但有多处转接圆角，使用的刀具较多，要求保证壁厚均匀，中小批量加工零件的一致性高。座盒零件立体图正方面如图 4-1-8 所示。

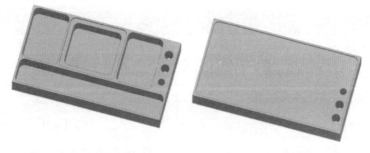

图 4-1-8　座盒零件立体图

材料为2A12（新牌号），切削加工性较好，可以采用高速钢刀具。该零件比较适合采用加工中心加工。主要的加工内容有平面、四周外形、正面四个矩形槽、反面一个矩形槽以及三个通孔。该零件壁厚只有2 mm，加工时除了保证形状和尺寸要求外，主要是要控制加工中的变形，因此外形和矩形槽要采用依次分层铣削的方法，并控制每次的切削深度。孔加工采用钻、铰即可达到要求。

2. 确定装夹方案

由于零件的长宽外形上有四处R2的圆角，最好一次连续铣削出来，同时为方便在正反面加工时零件的定位装夹，并保证正反面加工内容的位置关系，在毛坯的长度方向两侧设置30 mm左右的工艺凸台和2个φ8工艺孔，如图4-1-9所示。

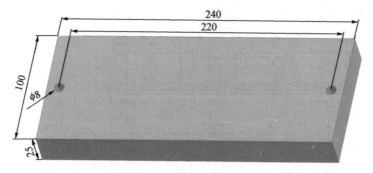

图4-1-9　工艺凸台及工艺孔

3. 确定加工顺序及进给路线

根据先面后孔的原则，安排加工顺序为：铣上下表面—打工艺孔－铣反面矩形槽－钻、铰φ8、φ10孔－依次分层铣正面矩形槽和外形—钳工去工艺凸台。由于是单件生产，铣削正、反面矩形槽（型腔）时，可采用环形走刀路线。

4. 刀具选择

铣削上下平面时，为提高切削效率和加工精度，减少接刀刀痕，选用φ125硬质合金可转位铣刀。根据零件的结构特点，铣削矩形槽时，铣刀直径受矩形槽拐角圆弧半径R6限制，选择φ10 mm高速钢立铣刀，刀尖圆弧r_ε半径受矩形槽底圆弧半径R1限制，取r_ε=1 mm。加工φ8、φ10孔时，先用φ7.8、φ9.8钻头钻削底孔，然后用φ8、φ10铰刀铰孔。所选刀具及其加工表面如表4-1-1所示。

表4-1-1　座盒零件数控加工刀具卡

产品名称或代号			零件名称	座盒	零件图号	
序号	刀具号	刀具			加工表面	备注
		规格名称	数量	刀长 /mm		
1	T01	φ125 可转位面铣刀	1		铣上下表面	
2	T02	φ4 中心孔	1		钻中心孔	
3	T03	φ7.8 钻头	1	50	钻 φ8H9 孔和工艺孔底孔	

续表

产品名称或代号		零件名称	座盒	零件图号	
4	T04	φ9.8 钻头	1	50	钻 2—φ10H9 孔底孔	
5	T05	φ8 铰刀	1	50	钻 φ8H9 孔和工艺孔	
6	T06	φ10 铰刀	1	50	铰钻 2—φ10H9 孔	
7	T07	φ10 高速钢立铣刀	1	50	铣削矩形槽、外形	

5. 切削用量的选择

精铣上下表面时留 0.1 mm 铣削余量，铰 φ8、φ10 两个孔时留 0.1 mm 铰削余量。选择主轴转速与进给速度时，先查切削用量手册，确定切削速度 v_c 与每齿进给量 f_z（或进给量 f），然后按式 $v_c=\pi dn/1000$、$v_f=nf$、$v_f=nZf_z$ 计算主轴转速与进给速度（计算过程从略）。

注意：铣削外形时，应使工件与工艺凸台之间留有 1 mm 左右的材料连接，最后钳工去除工艺凸台。

6. 数控加工工序卡片

如表 4-1-2 所示。

表 4-1-2 座盒零件数控加工工序卡

单位名称		产品名称和代号		零件名称		零件图号
工序号				座盒		
		夹具名称		使用设备		车间
		螺旋压板				加工中心
工序号	工步内容	刀具号	刀具规格 /mm	主轴转速 /r.min	进给速度 /mm.min	背/侧吃刀量 /mm
1	粗铣上表面	T01	φ125	200	100	
2	精铣上表面	T01	φ125	300	50	0.1
3	粗铣下表面	T01	φ125	200	100	
4	精铣下表面	T01	φ125	300	50	0.1
5	钻 2 个工艺孔的中心孔	T02	φ4	900	40	
6	钻工艺孔底孔至 φ7.8	T03	φ7.8	400	60	
7	铰工艺孔	T05	φ8	100	40	
8	粗铣底面矩形槽	T07	φ10	800	100	0.5
9	精铣底面矩形槽	T07	φ10	1000	50	0.2

续表

工序号	工步内容	刀具号	刀具规格/mm	主轴转速/r.min	进给速度/mm.min	背/侧吃刀量/mm
10	底面及工艺孔定位，钻 φ8、φ10 中心孔	T02	φ4	900	40	
11	钻 φ8H9 底孔至 φ7.8	T03	φ7.8	400	60	
12	铰 φ8H9 底孔	T05	φ8	100	40	
13	钻 2-φ10H9 底孔至 φ9.8	T04	φ9.8	400	60	
14	铰 2-φ10H9 底孔	T06	φ10	100	40	
15	粗铣正面矩形槽及外形（分层）	T07	φ10	800	100	0.5
16	精铣正面矩形槽及外形	T07	φ10	1000	50	0.1

第二节　凸台零件的工艺分析与编程

基础知识

一、加工工艺

1. 顺铣和逆铣

圆周铣削有顺铣和逆铣两种方式，铣削时铣刀的旋转方向与切削进给方式相同称为"顺铣"；反之，铣削时铣刀的旋转方向与切削进给方式相反，称为"逆铣"，如图 4-2-1 所示。

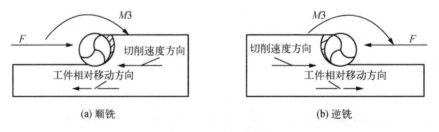

(a) 顺铣　　　　　　　　　　　(b) 逆铣

图 4-2-1　顺铣与逆铣

切削工件外轮廓时，绕工件外轮廓顺时针走刀为顺铣，绕工件外轮廓逆时针走刀为逆铣，如图 4-2-2 所示。

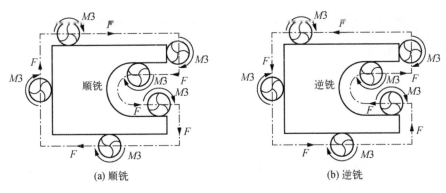

图 4-2-2 铣削工件外轮廓示意图

切削工件内轮廓时，绕工件内轮廓逆时针走刀为顺铣，绕工件内轮廓顺时针走刀为逆铣，如图 4-2-3 所示。

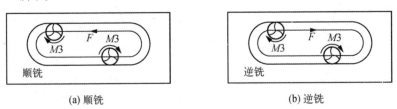

图 4-2-3 铣削工件内轮廓示意图

加工工件时，常采用顺铣，其优点是刀具切入容易，切削刃磨损慢，加工表面质量较高。当工件表面无硬皮，机床进给机构无间隙时，应选用顺铣，按照顺铣安排进给路线。因为采用顺铣加工后，零件已加工表面质量好，刀齿磨损小。精铣时，应尽量采用顺铣。

当工件表面有硬皮，机床的进给机构有间隙时，应选用逆铣，按照逆铣安排进给路线。因为逆铣时，刀齿是从已加工表面切入，不会崩刀；机床进给机构的间隙不会引起振动和爬行。

2. 切削用量的选择

铣削加工的进给速度和铣削速度选择与车削加工相似，背吃刀量选择如下：

（1）当侧吃刀量 $a_e < d/2$（d 为铣刀直径）时，$a_p = （1/3 \sim 1/2）d$；

（2）当 $d/2 \leqslant a_e < d$ 时，$a_p = （1/4 \sim 1/3）d$；

（3）当 $a_e = d$（d 为铣刀直径）时，$a_p = （1/5 \sim 1/4）d$；

3. 加工顺序

（1）基准面先行原则

用作基准的表面应优先加工出来，定位基准的表面精度越高，装夹误差越小，定位精度越高。

（2）先粗后精原则

铣削按照先粗后精的顺序进行。当工件精度要求较高时，在粗、精铣之间加入半精铣。

（3）先面后孔原则

一般先加工平面，在加工孔和其他尺寸，利用已加工好的平面不仅可以可靠定位，而且在其上加工孔更为容易。

（4）先主后次原则

零件的主要工作表面，装配基准面应先加工，次要表面可放在主要加工表面加工到一定程度后，精加工之前进行。

4. 进刀和退刀路线

铣削平面零件外轮廓时，一般采用立铣刀侧刃切削。刀具切入工件时应沿切削起始点的延伸线逐渐切入工件，保证零件曲线的平滑过渡。在切离工件时，也要沿着切削终点延伸线逐渐切离工件，如图4-2-4所示。

当用圆弧插补方式铣削外整圆时，如图4-2-5所示，要安排刀具从切向进入圆周铣削加工，当整圆加工完毕后，不要在切点处直接退刀，而应让刀具沿切线方向多运动一段距离，以免取消刀补时，刀具与工件表面相碰，造成工件报废。

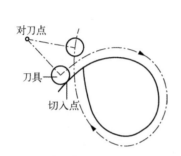

图 4-2-4　外轮廓加工刀具的切入和切出

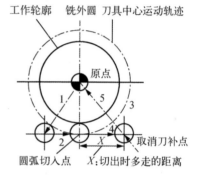

图 4-2-5　外圆铣削

（1）铣削内轮廓的进给路线

在数控加工中，刀具刀位点相对于零件运动的轨迹称为加工路线。加工路线的确定与工件的加工精度和表面粗糙度直接相关。加工路线应保证被加工零件的精度和表面粗糙度，且效率较高。使数值计算简便，以减少编程工作量。应使加工路线最短，这样既可减少程序段，又可减少空刀时间。加工路线还应根据工件的加工余量和机床、刀具的刚度等具体情况确定。

① 铣削封闭的内轮廓表面。

若内轮廓曲线不允许外延［图4-2-6（a）］，刀具只能沿内轮廓曲线的法向切入、切出，此时刀具的切入、切出点应尽量选在内轮廓曲线两几何元素的交点处。当内部几何元素相切无交点时［图4-2-6（b）］，为防止刀补取消时在轮廓拐角处留下凹口，刀具切入、切出点应远离拐角。

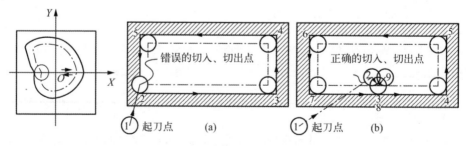

图 4-2-6　内轮廓加工刀具的切入和切出

② 当用圆弧插补铣削内圆弧时也要遵循从切向切入、切出的原则，最好安排从圆弧过渡到圆弧的加工路线（图4-2-7）提高内孔表面的加工精度和质量。

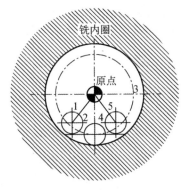

图 4-2-7　内圆铣削

（2）铣削内槽的进给路线

内槽是指以封闭曲线为边界的平底凹槽。一律用平底立铣刀加工，刀具圆角半径应符合内槽的图纸要求。如图4-2-8所示为加工内槽的三种进给路线。图4-2-8（a）和图4-2-8（b）分别为用行切法和环切法加工内槽。两种进给路线的共同点是都能切净内腔中的全部面积，不留死角，不伤轮廓，同时尽量减少重复进给的搭接量。不同点是行切法的进给路线比环切法短，但行切法将在每两次进给的起点与终点间留下残留面积，而达不到所要求的表面粗糙度；用环切法获得的表面粗糙度要好于行切法，但环切法需要逐次向外扩展轮廓线，刀位点计算稍微复杂一些。采用图4-2-8（c）所示的进给路线，即先用行切法切去中间部分余量，最后用环切法环切一刀光整轮廓表面，既能使总的进给路线较短，又能获得较好的表面粗糙度。

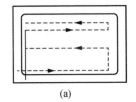 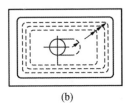 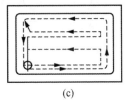

(a)　　　　　　　　　(b)　　　　　　　　　(c)

图 4-2-8　凹槽加工进给路线

（3）铣削曲面轮廓的进给路线

铣削曲面时，常用球头刀采用"行切法"进行加工。所谓行切法是指刀具与零件轮廓的切点轨迹是一行一行的，而行间的距离是按零件加工精度的要求确定的。

对于边界敞开的曲面加工，可采用两种加工路线，如图4-2-9所示发动机大叶片，当采用图（a）所示的加工方案时，每次沿直线加工，刀位点计算简单，程序少，加工过程符合直纹面的形成，可以准确保证母线的直线度。当采用图（b）所示的加工方案时，符合这类零件数据给出情况，便于加工后检验，叶形的准确度较高，但程序较多。由于曲面零件的边界是敞开的，没有其他表面限制，所以曲面边界可以延伸，球头刀应由边界外开始加工。

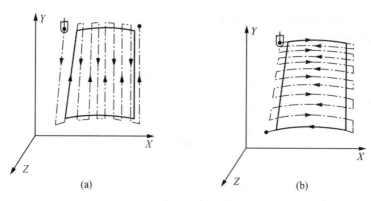

图 4-2-9　曲面加工的进给路线

（4）孔加工走刀路线

对于位置度要求较高的孔加工，精加工时一定要注意各孔的定位方向要一致，即采用单向趋近定位点的方法，以避免传动系统反向间隙误差或测量系统的误差对定位精度的影响。如图 4-2-10（a）所示的孔系加工路线，在加工孔 IV 时，X 轴的反向间隙将会影响 III、IV 两孔的孔距精度。如改为图 4-2-10（b）所示的孔系加工路线，可使各孔的定位方向一致，提高孔距精度。

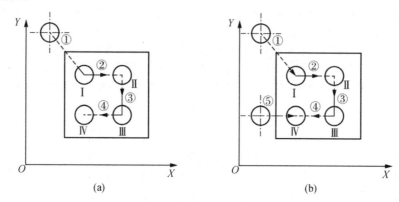

图 4-2-10　孔系加工方案比较

5. 切削用量的选择

（1）面、轮廓加工切削用量的选择

数控铣床的切削用量包括切削速度、进给速度、背吃刀量和侧吃刀量。从刀具耐用度出发，切削用量的选择方法是先选取背吃刀量或侧吃刀量，其次确定进给速度，最后确定切削速度。

（2）端铣背吃刀量（或周铣侧吃刀量）选择

吃刀量（a_p）为平行于铣刀轴线方向测量的切削层尺寸。端铣时，背吃刀量为切削层的深度，而圆周铣削时，背吃刀量为被加工表面的宽度。

侧吃刀量（a_e）为垂直于铣刀轴线方向测量的切削层尺寸。端铣时，侧吃刀量为被加工表面的宽度，而圆周铣削时，侧吃刀量为切削层的深度。

背吃刀量或侧吃刀量的取取，主要由加工余量和对表面质量的要求决定。

① 工件表面粗糙度 R_a 值为 12.5 ～ 25 μm 时，如果圆周铣削的加工余量小于 5 mm，端铣

的加工余量小于 6 mm，粗铣时一次进给就可以达到要求。但在余量较大，工艺系统刚性较差或机床动力不足时，可分两次进给完成。

② 在工件表面粗糙度 R_a 值为 3.2 ～ 12.5 μm 时，可分粗铣和半精铣两步进行。粗铣时背吃刀量或侧吃刀量选取同①。粗铣后留 0.5 ～ 1 mm 余量，在半精铣时切除。

③ 在工件表面粗糙度 R_a 值为 0.8 ～ 3.2 μm 时，可分粗铣、半精铣、精铣三步进行。半精铣时背吃刀量或侧吃刀量取 1.5 ～ 2 mm；精铣时，圆周铣侧吃刀量取 0.3 ～ 0.5 mm，端铣背吃刀量取 0.5 ～ 1 mm。

（3）进给速度

进给速度（v_f）是单位时间内工件与铣刀沿进给方向的相对位移，它与铣刀转速（n）、铣刀齿数（z）及每齿进给量（f_z）的关系为：

$$v_f=f_z zn$$

每齿进给量 f_z 的选取主要取决于工件材料的力学性能、刀具材料、工件表面粗糙度等因素。工件材料的强度和硬度越高，每齿进给量越小，反之则越大。硬质合金铣刀的每齿进给量高于同类高速钢铣刀。工件表面粗糙度 R_a 值越小，每齿进给量就越小。工件刚性差或刀具强度低时，应取小值。

（4）切削速度

铣削的切削速度与刀具耐用度 T、每齿进给量 f_z、背吃刀量 a_p、侧吃刀量 a_e、铣刀齿数 Z 成反比，而与铣刀直径成正比。其原因是当 f_z、a_p、a_e、和 Z 增大时，刀刃负荷增加工作齿数也增多，使切削热增加，刀具磨损加快，从而限制了切削速度的提高。同时，刀具耐用度的提高使允许使用的切削速度降低。但加大铣刀直径 d 则可改善散热条件，因而提高切削速度。

二、编程基础

1. 进给功能

与数控车床相似，不同之处是进给速度默认单位为 mm/min。

例如：F100 表示刀具的进给速度为 100 mm/min。

2. 主轴转速功能

与数控车床相同。

3. 刀具功能

T 功能表示指定加工时所选用的刀具号。

指令格式：T××

×× 表示刀具号。例如：T03 表示选用 3 号刀具。

4. 辅助功能

数控铣床、数控加工中心常用 M 代码除表 3-1-4 外，还常用 M06 表示换刀。

5. 准备功能

数控铣削常用代码见表 4-2-1。

表 4-2-1　数控铣削常用 G 代码

代码	组别	功能	代码	组别	功能
*G00	01	快速点定位	*G50.1	22	取消镜像
G01		直线插补	G51.1		可编程镜像
G02		圆弧 / 螺旋线插补（顺时针）	G53	00	选择机床坐标系
G03		圆弧 / 螺旋线插补（逆时针）	G54 ~ G59	14	选择第一至第六坐标系
G04	00	暂停	G65	00	宏程序调用
G10	00	用程序输入补偿值	G66	12	宏程序模态调用
*G17	02	选择 XY 平面	*G67		取消宏程序模态调用
G18		选择 ZX 平面	G68	16	坐标系旋转
G19		选择 YZ 平面	*G69		取消坐标系旋转
G20	06	英寸输入	G74	09	左旋攻丝循环
*G21		毫米输入	G76		精镗循环
G28	00	返回参考点	*G80		取消固定循环
G30		返回第二参考点	G81		点钻循环
*G40	07	取消刀具半径补偿	G82		镗阶梯孔循环
G41		刀具半径左补偿	G83		深孔钻削循环
G42		刀具半径右补偿	G84		攻丝循环
G43	08	刀具长度正补偿	G85		镗孔循环
G44		刀具长度负补偿	*G90	03	绝对尺寸编程
*G49		取消刀具长度补偿	G91		增量尺寸编程
*G50	11	取消比例缩放	G92	00	设定工件坐标系
G51		比例缩放	*G98	04	固定循环中 Z 轴返回初始平面
			G99		固定循环中 Z 轴返回 R 平面

注意：* 为默认状态。

6. 坐标系

铣削加工时，工件坐标系的原点一般设在尺寸基准上，对称图形一般设定在对称中心，非对称图形一般设定在某一角点；Z 轴方向原点一般设在工件上表面。

7. G00——快速点定位指令

指令格式：G00 X ＿ Y ＿ Z ＿；

其中：X、Y、Z——终点的坐标。

注意：不能以 G00 速度切入工件，一般距离工件 5～10 mm 以上为安全距离。

例如，刀具从空间某一点，快速点定位至工件中心上方（0, 0, 10）。

程序段：G00　X0　Y0　Z10.0；

为了安全，常写成两段：G00　X0　Y0；

Z10.0；

8. G00——直线插补指令

指令格式：G01 X__ Y__ Z__ F__；

G01 X__ Y__ Z__ F__ R__；（倒圆角）

其中：R 为两直线轮廓过渡时的圆角半径。

注意：F 的单位一般为 mm/min。

例如，两直线交于点（60, -50），圆角半径为 R5，程序段如下：

G01　X60　Y-50　F100　R5.0；

9. G02/G03——圆弧插补指令

编程格式：程序段有两种书写方式，一种是圆心法及用 I、J、K 编程［图 4-2-11（a）］，另一种是半径法及用 R 编程［图 4-2-11（b）］。

$$\text{在 } XY \text{ 平面内 G17} \begin{Bmatrix} G02 \\ G03 \end{Bmatrix} X\_\_Y\_\_ \begin{Bmatrix} I\_\_J\_\_ \\ R\_\_ \end{Bmatrix} F\_\_;$$

$$\text{在 } ZX \text{ 平面内 G18} \begin{Bmatrix} G02 \\ G03 \end{Bmatrix} X\_\_Z\_\_ \begin{Bmatrix} I\_\_K\_\_ \\ R\_\_ \end{Bmatrix} F\_\_;$$

$$\text{在 } YZ \text{ 平面内 G19} \begin{Bmatrix} G02 \\ G03 \end{Bmatrix} Y\_\_Z\_\_ \begin{Bmatrix} J\_\_K\_\_ \\ R\_\_ \end{Bmatrix} F\_\_;$$

（1）判别方法：沿着不在圆弧平面内的坐标轴，由正方向向负方向看，顺时针方向走向为 G02，逆时针方向走向为 G03。

（2）I、J、K 从起点向圆弧中心方向的矢量分量，其算法为：圆心坐标值—圆弧起点坐标值。

即：
$$\begin{cases} I = X_{\text{圆心}} - X_{\text{圆弧}} \\ J = Y_{\text{圆心}} - Y_{\text{圆弧}} \\ K = Z_{\text{圆心}} - Z_{\text{圆弧}} \end{cases}$$

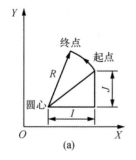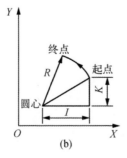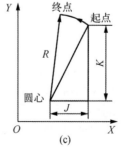

图 4-2-11　圆心法编程

（3）用 R 指定圆弧插补时，圆弧可能有两个位置即圆心角不同，R 值也不同。当圆弧所夹的圆心角 α 为：$0° < \alpha \leqslant 180°$ 时 R 值为正；当圆弧所夹的圆心角 α 为：$360° > \alpha > 180°$ 时 R 值为负。

如图 4-2-12 所示为用半径编程时的情况。若编程对象为以 C 为圆心的圆弧时程序为：

G17　G02　X＿＿　Y＿＿　R +R₁；

若编程对象为以 D 为圆心的圆弧时程序为：

G17　G02　X＿＿　Y＿＿　R −R₁；其中 R_1，R_2 为半径值。

注意：当圆心角 α 接近 $180°$ 时，用 R 方式计算出的圆心坐标可能有误差，在此情况下，常使用 I、J、K 指定圆弧的中心；当圆心角 $\alpha=360°$ 时，即为一整圆时，只能采用 I、J、K 方式编程。

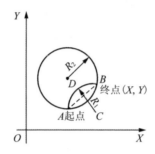

图 4-2-12　半径法编程

【例 4-2-1】　如图 4-2-13 所示，圆弧程序的编写如下：

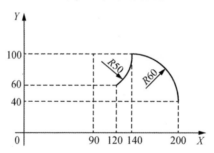

图 4-2-13　圆弧轮廓程序编写举例

a. 绝对值 G90 编程

圆心法：

G90　G54　G00　X200.0　Y40.0；// 建立工件坐标系并确定起刀点

Z5.0；

G01　Z−1.0　F100；

G03　X140.0　Y100.0　I−60.0　F300；

G02　X120.0　Y60.0　I−50.0；

半径法：

G90　G54　G00　X200.0　Y40.0；

Z5.0；

G01　Z−1.0　F100；

G90 G03 X140.0 Y100.0 R60.0 F300;

G02 X120.0 Y60.0 R50.0;

b. 增量值编程

圆心法：

G90 G54 G00 X200.0 Y40.0;

Z5.0;

G01 Z-1.0 F100;

G91 G03 X-60.0 Y60.0 I-60.0 F300

G02 X-20.0 Y-40.0 I-50.0;

半径法：

G90 G54 G00 X200.0 Y40.0;

Z5.0;

G01 Z-1.0 F100;

G91 G03 X-60.0 Y60.0 R60.0 F300;

G02 X-20.0 Y-40.0 R50.0;

【例 4-2-2】 如图 4-2-14 所示，起点在（20，0），整圆程序的编写如下：

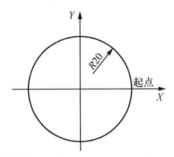

图 4-2-14 整圆程序的编写举例

a. 绝对值编程

G90 G02 X20.0 Y0 I-20.0 F300;

b. 增量值编程

G91 G02 I-20.0 F300;

10. G90/G91 绝对 / 增量尺寸编程指令

G90 选择绝对尺寸编程，G91 选择增量尺寸编程。

指令格式：G90/G91 G00 X__Z__；

G90/G91G01 X__Z__F__；

【例 4-2-3】 如图 4-2-15 所示，刀具从起始点 A 运动到 B，运动到 C。

程序如下：

a. 绝对值编程：

G90 G00 X10 Y15；（A → B）

X40 Y25；（B → C）

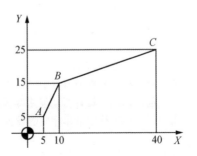

图 4-2-15 G90/G91 编程举例

b. 增量值编程：

G90　G00　X5　Y10；（A→B）

X30Y10；（B→C）

11. G17/G18/G19——选择坐标平面指令

右手笛卡儿坐标系的三个互相垂直的轴 X、Y、Z，分别构成三个平面，如图 4-2-16 所示，即 XY 平面、ZX 平面、YZ 平面。对于三坐标的铣床或加工中心，在加工过程中常要指定插补运动（主要是圆弧运动）在哪个平面中进行。所有数控系统均用 G17 表示在 XY 平面内加工；G18 表示在 ZX 平面内进行加工；G19 表示在 YZ 平面内进行加工。

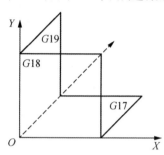

图 4-2-16　平面的选择

12. G54 ～ G59——选择工件坐标系（零点偏移）指令

对已通过夹具安装定位在数控机床工作台上的工件，加工前需要在工件上确定一个坐标原点，以便刀具在切削加工过程中以此点为基准，完成坐标移动的加工指令，我们把以此点所建立的坐标系，称为工件坐标系。

对工件上的这一点，其位置实际在对工件进行编程时就已经规定好了，工件装夹到工作台之后，我们通过"对刀"把规定的工件坐标系原点所在的机床坐标值确定下来，然后用 G54 等设置，在加工时通过 G54 等指令进行工件坐标系的调用。

在 FANUC、华中和 SINUMERIK 系统中一般可设定 G54 ～ G59 六个工件坐标系统。当前很多系统在此六个基本工件坐标系的基础上，增加了一系列扩展工件坐标系。该指令执行后，所有坐标字指定的尺寸坐标都为选定的工件加工坐标系中的位置。这 6 个工件加工坐标系是在对刀后通过操作面板设定的。

工件坐标系指令一般在刀具移动前的程序段与其他指令同行指定，也可独立指定。

指令格式如下：

G54/G55/G56/G57/G58/G59___；调用第一 / 二 / 三 / 四 / 五 / 六 工件坐标系。

13. 刀具半径补偿指令（G40、G41、G42）

在编制轮廓切削加工程序的场合，一般以工件的轮廓尺寸作为刀具轨迹进行编程，而实际的刀具运动轨迹则与工件轮廓有一偏移量（即刀具半径），如图 4-2-17 所示。数控系统的这种编程功能称为刀具半径补偿功能。

通过运用刀具补偿功能来编程，可以实现简化编程的目的。可以利用同一加工程序，只需对刀具半径补偿量作相应的设置就可以进行零件的粗加工、半精加工及精加工。

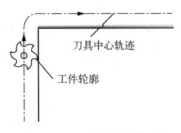

图 4-2-17 刀具半径补偿功能

指令格式：

G41 G01 X__ Y__ D__ F__；（刀具半径左补偿）

G42 G01 X__ Y__ D__ F__；（刀具半径右补偿）

其中：

D——用于存放刀具半径补偿值的存储位置。

指令说明：

G41 与 G42 的判断方法是：处在补偿平面外另一根轴的正方向，沿刀具的移动方向看，当刀具处在切削轮廓左侧时，称为刀具半径左补偿；当刀具处在切削轮廓的右侧时，称为刀具半径右补偿。如图 4-2-18 所示。

地址 D 所对应的在偏置存储器中存入的偏置值通常指刀具半径值。和刀具长度补偿一样，刀具刀号与刀具偏置存储器号可以相同，也可以不同，一般情况下，为防止出错，最好采用相同的刀具号与刀具偏置号。

G41、G42 为模态指令，可以在程序中保持连续有效。G41、G42 的撤销可以使用 G40 进行。

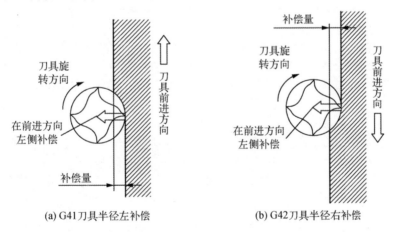

(a) G41刀具半径左补偿　　(b) G42刀具半径右补偿

图 4-2-18 刀具半径补偿功能

刀具半径补偿的过程如图 4-2-19 所示，共分三步，即刀补的建立、刀补的进行和刀补的取消。

（1）刀补建立

刀补的建立指刀具从起点接近工件时，刀具中心从与编程轨迹重合过渡到与编程轨迹偏离一个偏置量的过程。该过程的实现必须有 G00 或 G01 功能才有效。

（2）刀补进行

在 G41 或 G42 程序段后，程序进入补偿模式，此时刀具中心与编程轨迹始终相距一个偏置量，直到刀补取消。

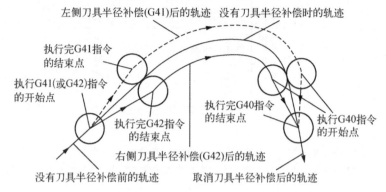

图 4-2-19　刀具半径补偿过程

在补偿模式下，数控系统要预读两段程序，找出当前程序段刀位点轨迹与下程序段刀位点轨迹的交点，以确保机床把下一个工件轮廓向外补偿一个偏置量。

（3）刀补取消

刀具离开工件，刀具中心轨迹过渡到与编程轨迹重合的过程称为刀补取消。

刀补的取消用 G40 或 D00 来执行，要特别注意的是，G40 必须与 G41 或 G42 成对使用。

在刀具半径补偿过程中要注意以下几个方面的问题：

① 半径补偿模式的建立与取消程序段只能在 G00 或 G01 移动指令模式下才有效。

② 为保证刀补建立与刀补取消时刀具与工件的安全，通常采用 G01 运动方式来建立或取消刀补。如果采用 G00 运动方式来建立或取消刀补，则要采取先建立刀补再下刀和先退刀再取消刀补的编程加工方法。

③ 为了保证切削轮廓的完整性、平滑性，特别在采用子程序分层切削时，注意不要造成欠切或过切的现象。内、外轮廓的走刀方式见图 4-2-20。具体为：用 G41 或 G42 指令进行刀具半径补偿→走过渡段→轮廓切削→走过渡段→用 G40 指令取消刀具半径补偿。

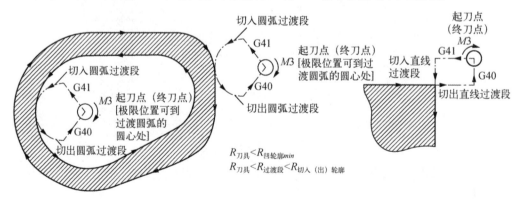

图 4-2-20　内、外轮廓刀具半径补偿时的切入、切出（图中都为顺铣）

④ 切入点应选择那些在 XY 平面内最左（或右）、最上（或下）的点（如圆弧的象限点等）或相交的点。

⑤ 在刀具补偿模式下，一般不允许存在连续两段以上的非补偿平面内移动指令，否则刀

具也会出现过切等危险动作。

非补偿平面移动指令通常指：只有 G、M、S、F、T 代码的程序段（如 G90；M03 等）；程序暂停程序段（如 G04 X5.0；等）；G17（或 G18、G19）平面内的 Z（Y、X）轴移动指令等。

技能提升

如图 4-2-21 所示凸台零件，材料为 45 钢，试制定零件的加工工艺，编写该零件的加工程序。

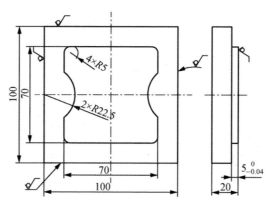

图 4-2-21　凸台零件图

1. 加工方案分析

如图 4-2-21 所示零件，余量较大。由于工件轮廓的轨迹与刀具刀位点的轨迹不一致，需要采用刀具半径补偿方式进行编程。为了保证加工质量，在加工过程中选用合适的加工刀具（包括类型、刀具材料）、合适的切削用量及切削液。

2. 确定装夹方案

该零件结构简单，适宜选用虎钳装夹。

3. 刀具与切削用量的选择

（1）刀具与刀柄选择。零件主要是加工外形轮廓，不必进行 Z 向切削加工。因此，可选择 $\phi16$ 的立铣刀进行加工。

（2）切削用量与切削液选择。根据刀具材料和工件材料，选择进给速度为 100 mm/min，设定转速为 2 000 r/min。Z 向背吃刀量取凸台轮廓高度 4.98 mm。

数控铣及加工中心的切削液通常选用油基类切削液。

4. 编制加工程序

如表 4-2-2 所示。

表 4-2-2 凸台零件的数控加工程序单

零件号		零件名称	型腔零件	编程原点	上表面中心
程序号		数控系统	FANUC	编制	
程序段号	程序内容			程序说明	
	O2318;			主程序号	
N10	G21 G90 G98 G49 G54;			返回 Z 轴参考点	
N20	M03 S2000;			主轴正转，转速为 2000r/min	
N30	M06 T01;			换 01 号刀具（φ16 三刃立铣刀）	
N40	G00 X0 Y0;			快速定位至（0，0）	
N50	Z100;			刀具快速定位至 Z100	
N60	D01;			设定 D01 值为 33	
N70	M98 P2319;			调用子程序 O219 一次	
N80	D02;			设定 D02 值为 23	
N90	M98 P2319;			调用子程序 O219 一次	
N100	D03;			设定 D03 值为 13	
N100	M98 P2319;			调用子程序 O219 一次	
N120	D04;			设定 D04 值为 8	
N130	M98 P2319;			调用子程序 O219 一次	
N140	G21 G28 Z0;			Z 轴回参考点	
N150	M30;			程序结束	
	O2319;				
N10	G00 X-60.0 Y-60.0;			插补至（-60，-60）	
N20	Z20;				
N30	Z5;				
N40	G01 Z-4.98 F100;				
N50	G41 G01 X-35.0 Y-35.0;			建立刀具左补偿	
N60	Y-16.771;			铣凸台刀路	
N70	G03 Y16.771 R22.5;				
N80	G01 Y28;				

续表

程序段号	程序内容	程序说明
N90	G02　X-28　Y35　R7;	
N100	G01　X28;	
N110	G02　X35　Y28　R7;	
N120	G01　Y16.771;	
N130	G03　Y-16.771　R22.5;	
N140	G01　Y-28;	
N150	G02　X28　Y-35　R7;	
N160	G01　X-28;	
N170	G02　X-35　Y-28　R7;	
N180	G40　G01　X-60;	
N190	G00　Z100;	
N1200	M99;	子程序结束

第三节　型腔零件的工艺分析与编程

基础知识

一、加工工艺

1. 刀具的选择

型腔铣削时，常用的刀具有键槽铣刀和普通立铣刀。键槽铣刀的端部刀刃通过中心，可以垂直下刀，但由于只有两刃切削，加工时的平稳性比较差，加工工件的表面粗糙度较大，因此适合小面积或被加工零件表面粗糙度要求不高的型腔加工。

普通立铣刀具有较高的平稳性和较长的使用寿命，但是由于大多数立铣刀端部切削刃不通过中心，所以不宜直接沿Z向切入工件。一般先用钻头钻工艺孔，然后沿着工艺孔垂直切入。适合大面积或被加工零件表面粗糙度要求较高的型腔加工。

2. 刀具 Z 向切入法

键槽铣刀可以直接沿着 Z 向切入工件。立铣刀不宜直接沿 Z 向切入工件，可以采用以下两种方法：① 先用钻头预先加工出工艺孔，然后沿工艺孔垂直切入工件；② 选择斜向切入［图4-3-1（a）］或螺旋切入的方法［图4-3-1（b）］。

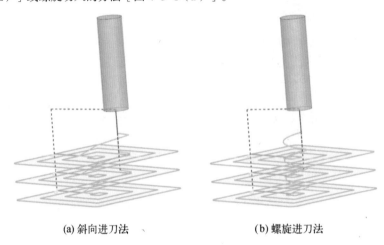

(a) 斜向进刀法　　　　　　　　　(b) 螺旋进刀法

图 4-3-1　斜向进刀法和螺旋进刀法

二、编程基础

1. G43/G44/G49——刀具长度补偿指令

对于装入主轴中的刀具，它们的伸出长度是各不相同（图4-3-2），在加工过程中为每把刀设定一个工件坐标系也是可以的（FANUC 系统可以设置多个工件坐标系），但通过刀具的长度补偿指令在操作上更加方便。

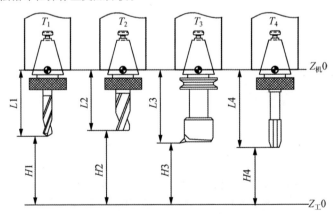

图 4-3-2　刀具长度补偿的应用

刀具长度补偿指令是用来补偿假定的刀具长度与实际的刀具长度之间差值的指令。系统规定所有轴都可采用刀具长度补偿，但对于立式数控铣削机床来说，一般用于刀具轴向（Z方向）的补偿，补偿量通过一定的方式得到后设置在刀具偏置存储器中。

指令格式： $\begin{Bmatrix} G43 \\ G44 \end{Bmatrix}$ Z__H__

……

G49 Z__

以上长度补偿指令适用于 FANUC、华中系统；H 用于指令偏置存储器的偏置号。G43 指令表示刀具长度沿正方向补偿，G44 指令表示刀具长度沿负方向补偿，但刀具的实际移动方向必须与所设置偏置量的 "＋" "－" 作相应的运算后才能确定（图 4-3-3）；G49 指令表示取消刀具长度补偿。

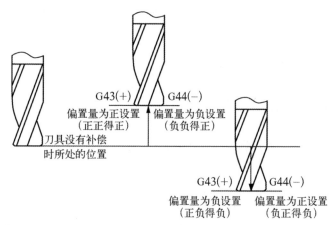

图 4-3-3　G43、G44 与设置偏置量的运算结果

刀具长度补偿用 D 代码调用。如 D1，即调用某刀具 1 号补偿中的长度补偿值。每把刀都对应从 D0～D9 共十个刀具补偿号，D0 为取消刀具长度补偿，T1 下的 D1 与 T2 下的 D1（即这两个 D1）是完全不同的量。

指令说明：

G43、G44 为模态指令，可以在程序中保持连续有效。G43、G44 的撤销可以使用 G49 指令进行。

在实际编程中，为避免产生混淆，通常采用 G43 而非 G44 的指令格式进行刀具长度补偿的编程。

2. G10——用程序输入补偿值指令

功能：在程序中应用 G10 指令指定刀具的补偿值。

指令格式：

H 的几何补偿值编程格式：G10　L10　P__R__；

H 的磨损补偿值编程格式：G10　L11　P__R__；

D 的几何补偿值编程格式：G10　L12　P__R__；

D 的磨损补偿值编程格式：G10　L13　P__R__；

其中：P——刀具补偿号，即刀具补偿存储器页面中的 "番号"；

R——刀具补偿量。G90 有效时，R 后的数值直接接入到 "番号" 中相应的位置；G91 有效时，R 后的数值与相应 "番号" 中的数值相叠加，得到一个新的数值替换原有的数值。

【例 4-3-1】　如图 4-3-4 所示零件，利用 G10 指令编写输入刀具半径补偿部分程序段。

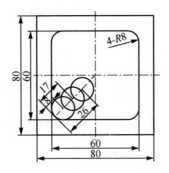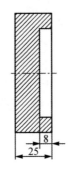

图 4-3-4　G10 指令举例

G10 指令部分程序段如下：

G10　L12　P1　R26.0；// 给 D01 输入半径补偿值 26；

……

G10　L12　P1　R17.0；// 给 D01 输入半径补偿值 17；

……

G10　L12　P1　R8.0；// 给 D01 输入半径补偿值 8；

……

3. M98/M99——子程序调用指令

如果程序包含固定的加工顺序或多次重复的加工模式，这样的顺序或模式程序可以编写成子程序在存储器中储存以简化编程。子程序可以由主程序调用，被调用的子程序也可以调用另一个子程序。

子程序格式如下：

O××××；子程序号

⋮

⋮

　M99；程序结束

……

子程序调用格式如下：

M98P　△△△　××××；

其中　△△△——子程序被重复调用的次数，取值 1 ～ 999，1 次可省略；

　　　××××——被调用的子程序号。

当主程序调用子程序时，它被认为是一级子程序，子程序调用可以嵌套 4 级。如图 4-3-5 所示。

注意：

① 一般可嵌套用 4 层，且主程序号 < 子程序号。

② 一般地返回主程序后应再出现一个 G90 从而把子程序中的 G91 模式再变回来。

③ G41 刀补之后尽量不出现 M98。

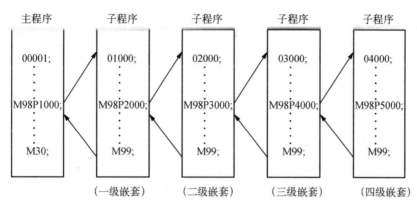

图 4-3-5　子程序的嵌套

如图 4-3-6 所示型腔零件，材料为 45 钢，毛坯尺寸为 100 mm × 100 mm × 22 mm，试制定零件的加工工艺，编写该零件的加工程序。

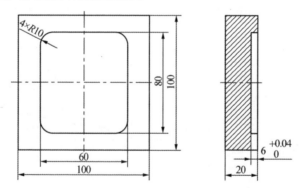

图 4-3-6　型腔零件图

1. 加工方案分析

如图 4-3-6 所示零件，加工表面是由四段 R10 的圆弧和四段直线连接而成的型腔轮廓。为了保证加工质量，在加工过程中选用合适的加工刀具（包括类型、刀具材料）、合适的切削用量及切削液。

2. 确定加工方案

（1）采用平口钳装夹，毛坯高出钳口 10 mm 左右。

（2）用 φ80 盘铣刀手动铣削毛坯上表面，保证工件高度 20 mm。

（3）用 φ16 钻头加工工艺孔。

（4）用 φ16 三刃立铣刀粗铣型腔轮廓，采用圆弧切向进退刀法。

（5）用 φ12 三刃立铣刀精铣型腔轮廓，采用圆弧切向进退刀法。

3. 刀具选用

型腔零件数控加工刀具卡见表 4-3-1 所示。

表 4-3-1　型腔零件数控加工刀具卡

零件名称		型腔零件		零件图号		
序号	刀具号	刀具名称	数量	加工表面	刀具半径	备注
1		φ80 盘铣刀	1	铣削上表面		手动
2	T01	φ16 三刃立铣刀	1	粗铣型腔轮廓	8	自动
3	T02	φ12 三刃立铣刀	1	精铣型腔轮廓	6	自动
4		φ16 钻头	1	手动加工工艺孔		手动

4. 加工工序卡

如表 4-3-2 所示。

表 4-3-2　型腔零件数控加工工序卡

单位名称		型腔零件		零件名称		
程序号	夹具名称	使用设备		数控系统		
	平口钳			FANUC 0i-Mate		
工步号	工步内容		刀具号	主轴转速 r/min	进给量 mm/min	背吃刀量 mm	备注
1	平口钳装卡工件，盘铣刀将上表面铣平，保证 20mm 的高度						
2	基准工具 X、Y 向对刀						
3	Z 向对刀		T01				
4	Z 向对刀		T02				
5	加工工艺孔		φ16 钻头				
6	铣型腔		T01 T02	2000 3000	100	6.02	O2315 O2316

5. 编制加工程序

如表 4-3-3 所示。

表 4-3-3 型腔零件数控加工程序

零件号		零件名称	型腔零件	编程原点	上表面中心
程序号		数控系统	FANUC	编制	
程序段号		程序内容		程序说明	
		O2315;		主程序号	
N10		G21 G90 G98 G49 G54;			
N20		M03S2000;		主轴正转，转速为 2000r/min	
N30		M06 T01;		换 01 号刀具（φ16 三刃立铣刀）	
N40		G00 X0 Y0;		快速定位至（0，0）	
N50		Z20;		刀具快速定位至 Z20	
N60		G10 L1 2P1 R40;		程序输入半径补偿值 40mm	
N70		M98 P2316;		调用子程序 O2316 一次	
N80		G10 L12 P1 R30;		程序输入半径补偿值 30mm	
N90		M98 P2316;		调用子程序 O2316 一次	
N100		G10 L12 P1 R20;		程序输入半径补偿值 20mm	
N100		M98 P2316;		调用子程序 O2316 一次	
N120		G10 L12 P1 R10;		程序输入半径补偿值 10mm	
N130		M98 P2316;		调用子程序 O2316 一次	
N140		G10 L12 P1 R8;		程序输入半径补偿值 8mm	
N150		M98 P2316;		调用子程序 O2316 一次	
N160		G21 G28 Z0;		Z 轴回参考点	
N170		M03 S3000;		主轴正转，转速为 3000r/min	
N180		M06 T02;		换 02 号刀具（φ16 三刃立铣刀）	
N190		G10 L12 P1 R6.0;		程序输入半径补偿值 6mm	
N200		M98 P2316;		调用子程序 O2316 一次	
N210		G21 G28 Z0;		Z 轴回参考点	
N220		M30;		程序结束	
		O2316;			

续表

N10	G41 G01 Y30.0 D01;	插补至（0，30），建立刀具左补偿
N20	G03 X–30.0 Y0 R30.0;	铣型腔刀路
N30	G01 Y–30.0;	
N40	X0;	
N50	G03 X–30.0 Y0 R30.0;	
N60	G01 Y30.0;	
N70	X0;	
N80	G40 G00 Y0;	
N90	M99;	子程序结束

第四节　孔类零件的工艺分析与编程

基础知识

一、孔系加工工艺

1. 加工方法

常见孔的加工方法有：钻孔、扩孔、锪孔、铰孔、攻螺纹等。

（1）钻孔

钻孔是用钻头在实体材料上加工孔的一种方法。钻孔的公差等级为 IT10 以下，表面粗糙度为 $Ra50 \sim 12.5\ \mu m$。主要用于低精度孔的加工和高精度孔的预加工。

当孔的深度超过孔径三倍时，即为深孔。钻深孔时，要经常退出钻头以便及时排屑和冷却，否则容易造成切屑堵塞或使钻头过度磨损甚至折断。

钻削大直径孔（钻孔直径 $D > 30\ mm$）应分两次钻削。第一次用（$0.6 \sim 0.8$）D 的钻头先钻出一个孔，然后再根据孔径大小选择合适的钻头将孔扩大至尺寸要求。

（2）扩孔

扩孔是用扩孔钻对已有孔进行扩大孔径的加工方法。加工精度为 IT10 ～ IT9，表面粗糙度为 $Ra6.3 \sim 3.2\ \mu m$。扩孔的加工质量比钻孔高，一般用于孔的半精加工、终加工，铰孔前的预加工或毛坯孔的扩大等。

（3）锪孔

锪孔是用锪钻加工锥形沉孔或平底沉孔。

（4）铰孔

铰孔是用铰刀对孔进行精加工的操作方法，加工精度可达 IT9 ～ IT7，表面粗糙度为 $Ra3.2 \sim 0.8\ \mu m$。

（5）镗孔

镗孔是用镗刀对孔进行精加工的方法之一。镗孔主要适用于加工机座、箱体、支架等大型零件上孔径较大、尺寸精度和位置精度要求较高的孔系。一般镗孔的加工精度为 IT8 ～ IT7，表面粗糙度为 $Ra\ 3.2 \sim 1.6\ \mu m$。精镗时，加工精度为 IT7 ～ IT6，表面粗糙度为 $Ra\ 0.4 \sim 0.8\ \mu m$。

（6）攻螺纹

在数控加工中心上加工螺纹孔，通常有两种方法，即攻螺纹和铣螺纹。在生产实践中，公称直径在 M24 以下的螺纹孔，一般采用攻螺纹的方式加工；公称直径在 M24 以上的螺纹孔，通常采用铣螺纹的方式加工。

攻内螺纹前应先加工螺纹底孔。一般用下列经验公式计算内螺纹底孔直径 d0。对于钢件及韧性金属：$d_0 \approx d{-}P$；对于铸铁及脆性金属：$d_0 \approx d{-}(1.05 \sim 1.1)P$。式中，$d_0$ 为底孔直径，d 为螺纹公称直径，P 为螺距。

攻不通孔螺纹时，因丝锥不能攻到底，所以钻孔的深度要大于螺纹的有效长度。一般钻孔的深度 = 螺纹孔深度 +0.7d。

2. 加工刀具

（1）中心钻

中心钻的作用是在实体工件上加工出中心孔，以便在孔加工时起到定位和引导钻头的作用。

（2）普通麻花钻

普通麻花钻是钻孔最常用的刀具。麻花钻有直柄和锥柄之分。钻孔直径范围为 0.1 ～ 100 mm。普通麻花钻广泛应用于孔的粗加工，也可作为不重要孔的最终加工。

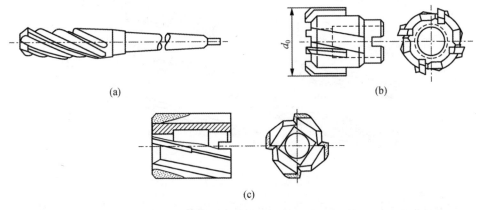

(a)　　　　　　　　　　　(b)

(c)

图 4-4-1 扩孔钻

（3）扩孔钻

扩孔钻和普通麻花钻结构有所不同。它有 3 ～ 4 条切削刃，没有横刃。扩孔钻头刚性好导向性好，不易变形。扩孔钻的结构如图4-4-1所示。在小批量生产时，常用麻花钻改磨成扩孔钻。

（4）锪钻

锪钻有以下几种：柱形锪钻、锥形锪钻和端面锪钻。锪钻是标准刀具，也可以用麻花钻改磨成锪钻。如图4-4-2所示。

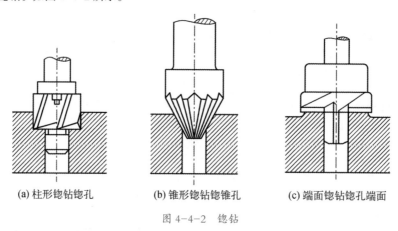

(a) 柱形锪钻锪孔　　　　(b) 锥形锪钻锪锥孔　　　　(c) 端面锪钻锪孔端面

图 4-4-2　锪钻

（5）铰刀

加工中心上经常使用的铰刀是通用标准铰刀。如图4-4-3所示。图4-4-3（a）直柄机用铰刀，图4-4-3（b）锥柄机用铰刀，图4-4-3（c）硬质合金锥柄机用铰刀，图4-4-3（d）手用铰刀，图4-4-3（e）可调节手用铰刀，图4-4-3（f）套式机用铰刀，图4-4-3（g）直柄莫式锥度铰刀，图4-4-3（h）手用1∶50锥度销子铰刀。

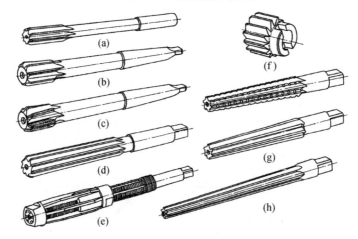

图 4-4-3　铰刀

（6）镗刀

镗刀的种类很多，按加工精度可分为粗镗刀和精镗刀。

圆周铣削有顺铣和逆铣两种方式，铣削时铣刀的旋转方向与切削进给方式相同称为"顺铣"；反之，铣削时铣刀的旋转方向与切削进给方式相反，称为"逆铣"。

（7）丝锥

常用的丝锥有直槽和螺旋槽两大类。如图4-4-4所示。直槽丝锥加工容易，精度略低、切削速度较慢；螺旋槽丝锥多用于数控加工中心上攻盲孔，加工速度较快、精度高、排屑较好、对中性好。

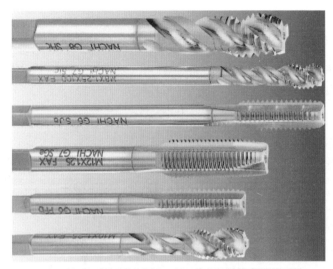

图4-4-4 丝锥

二、编程基础

1. G81——点钻循环指令

简单钻孔循环无断屑、无排屑、无孔底停留。主要用于中心孔钻孔或浅孔。

指令格式：

G99/G98 G81 X__ Y__ Z__ R__ F__；

式中：

X、Y——孔位数据；

Z——孔深度；

R——参考平面坐标，通常距离待加工孔上表面2～5 mm；

F——切削进给速度。

该指令动作示意图如图4-4-5所示。

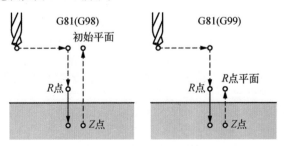

图4-4-5 G81点钻循环

注意事项：① 孔加工循环中，各功能字为模态指令，编程时应先给出孔加工所需要的全部数据，随后程序段中只给出需要改变的功能字。② 取消孔加工固定循环有两种方式：采用 G80 指令或 01 组的 G 代码（如 G00、G01、G02 和 G03 等）。

2. G82——锪沉孔、镗沉孔循环

指令格式：

G99/G98 G82 X__ Y__ Z__ R__ P__ F__ ；

式中：

X、Y——孔的位置数据；

Z——孔深度；

R——参考平面坐标，通常距离待加工孔上表面 2 ～ 5 mm；

P——孔底停留时间，单位为毫秒 ms；

F——切削进给速度。

该指令一般用于扩孔、沉头孔、锪孔加工或镗阶梯孔。该指令动作示意图如图 4-4-6 所示。

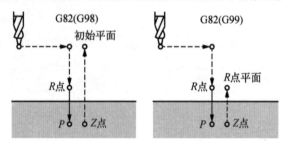

图 4-4-6　G82 锪沉孔、镗沉孔循环

与 G81 的主要区别是：在孔底刀具有一个暂停的动作，已达到光整孔的目的，提高孔底的精度。

3. G83——带排屑深孔钻孔循环

指令格式：

G99/G98 G83 X__ Y__ Z__ R__ Q__ F__ ；

式中：

X、Y——孔位数据；

Z——孔深度；

R——参考平面坐标，通常距离待加工孔上表面 2 ～ 5 mm；

Q——每次切削进给的切深度（一般取 2 ～ 3 mm）；

F——切削进给速度。

该指令一般用于扩孔、沉头孔、锪孔加工或镗阶梯孔。该指令动作示意图如图 4-4-7 所示。

与 G81 的主要区别是：采用间歇进给方式钻削工件，便于排屑。每次钻削 Q 距离后返回到 R 平面，图中 d 为让刀量，其值由 CNC 系统内部参数设定。末次钻削的距离小于等于 Q。

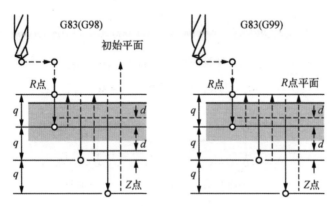

图 4-4-7 G83 带排屑钻孔循环

4. G85——铰通孔循环

指令格式:

G99/G98 G85 X__ Y__ Z__ R__ F__;

式中:

X、Y——孔位数据;

Z——孔深度;

R——参考平面坐标,通常距离待加工孔上表面 2 ～ 5 mm;

F——切削进给速度。

加工动作与 G81 类似,但返回行程中,从 $Z \to R$ 段为切削进给,以保证孔壁光滑,其循环动作如图 4-4-8 所示。由于 G85 循环的退刀动作是以进给速度退出的,因此可以用于铰孔。

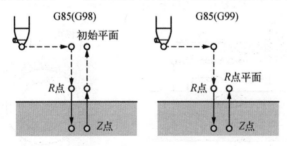

图 4-4-8 G85 铰通孔循环

5. G86——粗镗循环

指令格式:

G99/G98 G86 X__ Y__ Z__ R__ F__;

式中:

X、Y——孔位数据;

Z——孔深度;

R——参考平面坐标,通常距离待加工孔上表面 2 ～ 5 mm;

F——切削进给速度。

该指令动作示意图如图 4-4-9 所示。与 G81 的区别是 G86 循环在底部主轴停止转动,退刀动作是在主轴停转的情况下进行的，返回到 R 点（G99）或起始点（G98）后主轴再重新启动。因此可以用于粗镗孔。

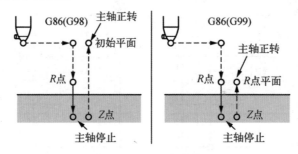

图 4-4-9　G86 粗镗循环

6. G87——反镗孔循环

指令格式：

G99 G87 X＿ Y＿ Z＿ R＿ P＿ F＿；

式中：

X、Y——孔位数据；

Z——孔深度；

R——参考平面坐标，通常距离待加工孔上表面 2 ～ 5 mm；

P——为孔底停留时间；

F——切削进给速度。

G87 只能与 G99 联合使用，不能与 G98 联合使用。G87 指令可以通过主轴定向准停动作，进行让刀进入孔内，实现反镗动作。该指令动作示意图如图 4-4-10 所示。

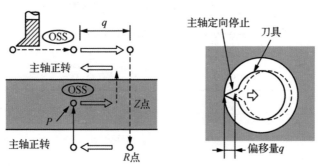

图 4-4-10　G87 反镗孔循环

执行 G87 循环，在 X、Y 轴完成定位后，主轴通过定向准停动作使镗刀的刀尖对准某一方向。机床通过刀尖向相反的方向少量后移，使刀尖让开孔表面，保证在进刀时不碰孔表面。然后 Z 轴快速进给至孔底面。在孔底面刀尖恢复让刀量，主轴自动正转，并沿 Z 轴的正方向加工到 Z 点。在此位置，主轴再次定向准停，再让刀，然后使刀具从孔中退出。返回到起始点后，刀尖再恢复让刀，主轴再次正转，以便进行下步动作。

7. G73——带断屑高速深孔加工循环

指令格式：

G99/G98 G73 X__ Y__ Z__ R__ Q__ F__；

式中：

X、Y——孔位数据；

Z——孔深度；

R——参考平面坐标，通常距离待加工孔上表面 2～5 mm；

Q——每次切削进给的切深度为 Q（一般取 2～3 mm）；

F——切削进给速度。

每次工作进给后快速退回一段距离 d（断屑），d 值由参数设定。

孔深大于 5 倍直径孔的加工属于是深孔加工，不利于排屑，故采用间段进给（分多次进给），该指令的动作示意图如图 4-4-11，这种加工通过 Z 轴的间断进给可以比较容易地实现断屑与排屑。

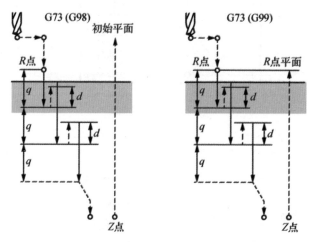

图 4-4-11　G73 带断屑高速深孔加工循环

【例 4-4-1】　用 G73 指令钻削如图 4-4-12 所示的零件，该零件材料为中碳钢，刀具为高速钢麻花钻头。切削速度选择为 25 m/min，进给速度为 0.1 mm/r。程序原点设在零件上表面中心。

程序如下：

O4010；	// 程序名
N1G90G40G80G49G94 G21；	// 初始化
N2G54 X0 Y0 G00；	// 设定坐标系
N3M06 T01；	// 换 1 号刀
N4G43 Z50. H01；	// 刀具长度补偿
N5M03 S800 M08；	// 主轴正转，冷却液开
N6G99 G73 X-125. Y75. Z-60. R5. Q2. F80.；	// 钻孔循环，第 1 个孔，返回至 R 平面
N7X0；	// 第 2 个孔，返回至 R 平面
N8X125.；	// 第 3 个孔，返回至 R 平面
N9X-125. Y-75.；	// 第 4 个孔，返回至 R 平面

N10X0;   // 第 5 个孔，返回至 R 平面
N11G98 X125.;   // 第 6 个孔，返回至初始平面
N12G80 X0 Y0;   // 循环结束
N13M05;   // 主轴停
N14M30;   // 程序停止

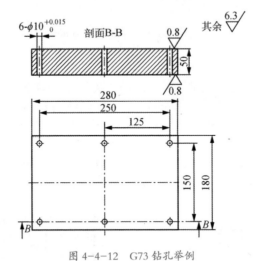

图 4-4-12   G73 钻孔举例

8. G74/G84——攻丝循环

指令格式：

G99/G98   G74（或 G84）X__ Y__ Z__ R__ P__ F__ K__；

式中：

X、Y——孔位数据；

Z——孔深度；

R——参考平面坐标，通常距离待加工孔上表面 2～5 mm；

P——孔底停留时间；

F——切削进给速度；

K——K 为重复次数（一般为 1 次）。

G74 用于攻左旋螺纹，在攻左旋螺纹前，先使主轴反转，再执行 G74 指令，刀具先快速定位至 X、Y 所指定的坐标位置，再快速定位到 R 点，接着以 F 所指定的进给速度攻螺纹至 Z 所指定的坐标位置后，主轴转换为正转且同时向 Z 轴正方向退回至 R 点，退至 R 点后主轴恢复原来的反转。指令动作示意图如图 4-4-13 所示。G84 用于攻右旋螺纹，在攻右旋螺纹前，先使主轴正转，再执行 G84 指令。

【例 4-4-2】 用 G74 指令攻丝如图 4-4-14 所示零件，该零件材料为中碳钢，刀具为工具钢机用丝锥。切削速度选择为 5 m/min，主轴转速取为 130 r/min，进给速度为 1.75 mm/r。程序原点设在零件上表面中心。

程序如下：

O4011；// 程序名
N1   G90   G40   G80   G49   G94   G21；   // 初始化

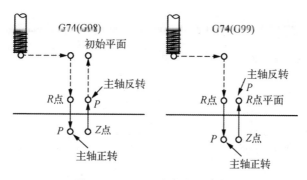

图 4-4-13　G74 攻左旋螺纹循环

N2G54　X0　Y0　G00;	// 设定坐标系
N3M06　T03;	// 换 3 号刀
N4G43　Z50.　H03;	// 刀具长度补偿
N5M04　S130　M08;	// 主轴反转、冷却液开
N6G04　P2000;	// 延时
N7G99 G74 X-125. Y75. Z-60. R5. P3000 F175.;	// 攻丝循环，第 1 个孔，返回至 R 平面
N8X0;	// 第 2 个孔，返回至 R 平面
N9X125.;	// 第 3 个孔，返回至 R 平面
N10X-125. Y-75.;	// 第 4 个孔，返回至 R 平面
N11X0;	// 第 5 个孔，返回至 R 平面
N12G98 X125.;	// 第 6 个孔，返回至初始平面
N13G80 X0 Y0;	// 循环结束
N13M05;	// 主轴停
N14M30;	// 程序停止

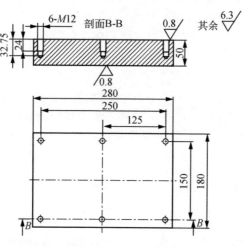

图 4-4-14　G74 攻丝举例

9. G76——精镗孔循环

指令格式：

G99/G98G76 X__ Y__ Z__ R__ Q__ P__ F__；

式中：

X、Y——孔位数据；

Z——孔深度；

R——参考平面坐标，通常距离待加工孔上表面 2 ～ 5 mm；

Q——刀具在孔底的偏移量；

P——孔底停留时间；

F——切削进给速度；

动作过程如图 4-4-15 所示。刀具快速从初始点定位至 X、Y 坐标点，再快速移至 R 点，并开始进行精镗切削，直至孔底主轴，定向停止、让刀（镗刀中心偏移一个 Q 值，使刀尖离开加工孔面），快速返回到 R 点（或初始点）主轴复位，重新启动，转入下一段。

格式中的地址 Q 指定退刀位移量，是通过主轴的定位控制机能使主轴在规定的角度上准确停止并保持这一位置，从而使镗刀的刀尖对准某一方向。停止后，机床通过刀尖相反的方向的少量后移，使刀尖脱离工件表面，保证在退刀时不擦伤加工面表面，以进行高精度镗削加工。Q 值必须是正值。位移的方向是 +X、-X、+Y、-Y，它可以事先用"机床参数"进行设定。指令动作示意图如图 4-4-16 所示。

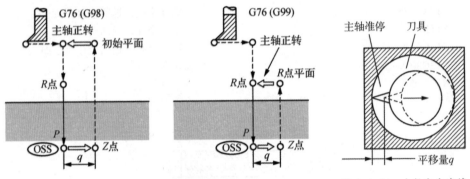

图 4-4-15　G76 精镗孔循环　　　图 4-4-16　主轴定向准停

【例 4-4-3】　精镗如图 4-4-17 所示零件上的孔类表面，设零件材料为中碳钢，刀具材料为硬质合金。主轴转速取 1100 r/min（切削速度为 120 m/min），进给量取 55 mm/min（转进给 0.05 mm/r）。设程序原点在被加工零件的中心处。

程序如下：

O4012；// 程序名

N1G90　G80　G49　G40　G94　G21；　// 初始化

N2G54　X0　Y0　G0；　　　　　　　// 坐标系偏置

N3M06　T02；　　　　　　　　　　 // 换 2 号刀

N4M03　S500　M08；　　　　　　　 // 主轴正转，冷却液开

N5G43　Z50.　H02；　　　　　　　 // 刀具长度补偿

N6G90 G99 G76 X-130. Y75. Z-55.　// 孔 1，返回到 R 点，移动 3 mm，停 1s

R5. Q3. P1000 F120.；

N7X0.;	// 镗孔 2
N8X130.;	// 镗孔 3
N9Y–75.;	// 镗孔 4
N10X0.;	// 镗孔 5
N11G98　X–130.;	// 镗孔 6，返回初始位置平面
N12G80　X0Y0;	// 循环结束
N13M05;	// 主轴停
N14 M30;	// 程序停止

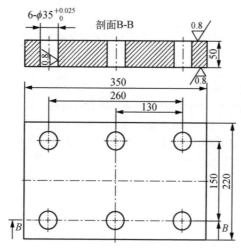

图 4-4-17　G76 精镗孔举例

10. G51/G50——比例缩放指令

功能：把原编程尺寸按指定比例放大或缩小。

指令格式：

（1）沿所有轴以相同的比例缩放

G51 X__ Y__ Z__ P__ ；

……

G50;

式中：

X、Y、Z——比例缩放中心的坐标值；

P——比例缩放系数；

G50——取消比例缩放。

（2）沿各轴以不同的比例缩放

G51 X__ Y__ Z__ I__ J__ K__ ；

……

G50;

式中：

X、Y、Z——比例缩放中心的坐标值；

I、J、K——各轴对应的缩放比例；

G50——取消比例缩放。

11. G68/G69——坐标系旋转指令

功能：使编程图形按照指定的旋转中心及旋转方向将坐标系旋转一定的角度。

指令格式：

G68 X__ Y__ R__；

……

G69；

式中：

G68——坐标系旋转；

X、Y——旋转中心的坐标值，当 X、Y 省略时，G68 指令认为当前的位置为旋转中心；

R——旋转角度，取值范围为 ±360°；正值表示逆时针旋转，负值表示顺时针旋转，可以用绝对值，也可以用增量值；

G69——取消坐标系旋转。

注意：G69 指令后的第一个移动指令必须用绝对值编程，如果用增量值编程，将执行不正确的移动。旋转指令结束后，G69 不能缺少，以免使坐标系旋转功能一直处于建立状态。G69 可以放在其他指令程序段中。如果坐标系旋转指令前有比例缩放指令，则坐标系旋转中心也被缩放，但缩放角度不被缩放。

如图 4-4-18 所示零件，材料为 45 钢，毛坯尺寸为 150 mm×120 mm×20 mm，试制定零件的加工工艺，编写该零件的加工程序。

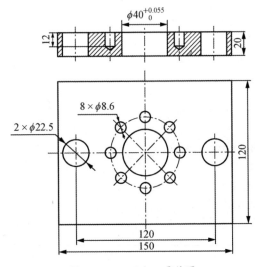

图 4-4-18　孔加工零件图

1. 加工方案分析

（1）零件图分析

如图 4-4-18 所示零件，可采用一次装夹完成零件的轮廓加工到最终尺寸，加工过程中利用数控系统的刀具半径补偿功能。

（2）确定装夹方案

该零件结构简单，适宜选用虎钳装夹。

（3）刀具与切削用量的选择

用 ϕ22.5 的钻头钻孔，采用 G81 钻削固定循环，主轴转速 600 r/min，进给速度 50 mm/min；型腔采用 ϕ12 立铣刀进行加工，主轴转速 2 000 r/min，进给速度 100 r/min，背吃刀量 5 mm；用 ϕ10 钻头钻孔，采用 G81 钻削固定循环，主轴转速 800 r/min，进给速度 50 mm/min。

（4）加工工艺的确定

该零件主要包括由 $\phi40_0^{+0.05}$ 的型腔、2 个 ϕ22.5 的通孔的和 8 个 ϕ8.6 的盲孔三部分特征。先用 ϕ22.5 钻头钻 2 个 ϕ22.5 的孔，然后在 $\phi40_0^{+0.05}$ 型腔的中心位置钻出 ϕ22.5 的孔，然后用 ϕ16 立铣刀铣型腔。再用 ϕ8.6 钻头通过 G68/G69 旋转指令钻出 8 个 ϕ8.6 的盲孔。

（5）刀具选用

零件数控加工刀具卡见表 4-4-1 所示。

表 4-4-1 型腔零件数控加工刀具卡

零件名称		型腔零件		零件图号		
序号	刀具号	刀具名称	数量	加工表面	刀具半径 mm	备注
1	T01	ϕ22.5 钻头	1	钻 ϕ22.5 孔		自动
2	T01	ϕ16 立铣刀	1	铣型腔轮廓	8	自动
3	T03	ϕ8.6 钻头	1	钻 8 个 ϕ8.6 孔		自动

2. 编制加工程序

如表 4-4-2 所示。

表 4-4-2 型腔零件数控加工程序

零件号		零件名称	阶梯轴	编程原点	右端面中心
程序号		数控系统	FANUC	编制	
程序段号		程序内容		程序说明	
		O3331；		主程序号	
N10		G21 G90 G98 G49 G54；			
N20		M06 T01；		换 01 号刀具（ϕ22.5 钻头）	
		M08；		切削液开	

N30	M03 S600;	主轴正转，转速为 600r/min
N40	G00 X0 Y0;	快速定位至（0，0）
N50	Z30;	刀具快速定位至 Z30
N60	G99 G81 X-60.0 Z-23.0 R5.0 F50;	用 G81 指令钻 φ22.5 孔（-60，0）
N70	X0;	用 G81 指令钻 φ22.5 孔（0，0）
N80	X60.0;	用 G81 指令钻 φ22.5 孔（60，0）
	G80;	
N90	G91 G28 Z0;	Z轴返回参考点
N100	M06 T02;	换 02 号刀具（φ16 立铣刀）
N110	M03 S2000;	主轴正转，转速为 2000 r/min
N120	G00 X0 Y0;	快速定位至（0，0）
N130	Z20;	
N140	Z5;	
N150	#1 =4.0;	铣削深度值，用 #1 表示
N160	G01 Z[#1] F100;	
N170	G10 L12 P1 R10;	
N180	G41 G01 X20.028 D01;	
N190	G03 I-20.028;	
N200	G40 G01 X0;	
N210	G10 L12 P1 R8;	
N220	G41 G01 X20.028 D01;	
N230	G03 I-20.028;	
N240	G40 G01 X0;	
N250	G00 Z5;	
N260	#1 = #1 - 4;	
N270	IF［#1 GE -24］GOTO 160;	
N280	G28 G91 Z0;	
N290	M06 T03;	换 03 号刀具（φ8.6 钻头）

续表

N230	M03 S800 ;	主轴正转，转速为 800r/min
N240	G00 X0 Y0;	快速定位至（0，0）
N250	Z30 ;	刀具快速定位至 Z30
N260	G99 G81 X−30.0 Z−12.0 R5.0 F50 ;	用 G81 指令钻第 1 个 φ22.5 孔
N270	G80;	
N280	G68 X0 Y0 R45 ;	用旋转指令钻第 2 个 φ22.5 孔
N290	G99 G81 X−30.0 Z−12.0 R5.0 F50 ;	
N300	G80;	
N310	G69 ;	
N320	G68 X0 Y0 R90 ;	用旋转指令钻第 3 个 φ22.5 孔
N330	G99 G81 X−30.0 Z−12.0 R5.0 F50 ;	
N340	G80;	
N350	G69 ;	
N360	G68 X0 Y0 R135 ;	用旋转指令钻第 4 个 φ22.5 孔
N370	G99 G81 X−30.0 Z−12.0 R5.0 F50 ;	
N380	G80;	
N390	G69 ;	
N400	G68 X0 Y0 R180 ;	用旋转指令钻第 5 个 φ22.5 孔
N410	G99 G81 X−30.0 Z−12.0 R5.0 F50 ;	
N420	G80;	
N430	G69 ;	
N440	G68 X0 Y0 R225 ;	用旋转指令钻第 6 个 φ22.5 孔
N450	G99 G81 X−30.0 Z−12.0 R5.0 F50 ;	
N460	G80;	
N470	G69 ;	
N480	G68 X0 Y0 R270 ;	用旋转指令钻第 7 个 φ22.5 孔
N490	G99 G81 X−30.0 Z−12.0 R5.0 F50 ;	
N500	G80;	

续表

N510	G69；	
N520	G68 X0 Y0 R315；	用旋转指令钻第 8 个 φ22.5 孔
N530	G99 G81 X−30.0 Z−12.0 R5.0 F50；	
N540	G80；	
N560	G69；	
N570	G28 G91 Z0；	Z 轴回参考点
N580	M30；	程序结束

第五节　数控铣削加工仿真

基础知识

一、仿真软件中安装夹具

在仿真铣床系统界面中，打开菜单"零件 / 安装夹具"命令或者在工具条上选择图标

，打开选择夹具操作对话框。

在"选择零件"列表框中选择已定义毛坯。在"选择夹具"列表框中间选夹具，长方体零件可以使用工艺板或者平口钳，圆柱形零件可以选择工艺板或者卡盘。如图 4-5-1 所示。

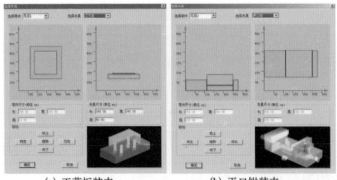

(a) 工艺板装夹	(b) 平口钳装夹

图 4-5-1　安装夹具

需要指出的是，"夹具尺寸"成组控件内的文本框仅供用户修改工艺板的尺寸，对平口钳无效。另外，"移动"成组控件内的按钮供调整毛坯在夹具上的位置使用。

在本系统中，铣床和加工中心也可以不使用夹具，车床没有这一步操作。

二、放置零件

打开菜单"零件 / 放置零件"命令或者在工具条上选择图标![icon]，系统弹出选择零件、安装零件对话框。如图 4-5-2 所示。

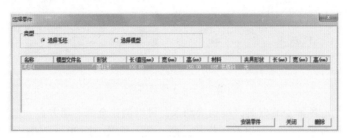

图 4-5-2 "选择零件"对话框

在列表中点击所需的零件，选中的零件信息加亮显示，按下"安装零件"按钮，系统自动关闭对话框，零件和夹具（已经选择了夹具）将被放到机床上。

对于卧式加工中心还可以在上述对话框中选择是否使用角尺板。如果选择了使用角尺板，那么在放置零件时，角尺板同时出现在机床台面上。

如果经过"导入零件模型"的操作，对话框的零件列表中会显示模型文件名，若在类型列表中选择"选择模型"，则可以选择导入零件模型文件。

三、调整零件位置

零件放置安装后，可以在工作台面上移动。毛坯在放置到工作台（三爪卡盘）后，系统将自动弹出一个小键盘。铣床、加工中心如图 4-5-3（a），车床如图 4-5-3（b），通过按动小键盘上的方向按钮，实现零件的平移和旋转或车床零件调头。小键盘上的"退出"按钮用于关闭小键盘。选择菜单"零件 / 移动零件"也可以打开小键盘，如图 4-5-3（c）所示。

(a) 铣床零件移动对话框 (b) 车床移动零件对话框 (c) 移动零件菜单

图 4-5-3 移动零件

四、使用压板

数控铣床、加工中心安装零件时，如果使用工艺板或者不使用夹具时，可以使用压板。

（1）安装压板

打开菜单"零件 / 安装压板"。系统打开"选择压板"对话框。如图 4-5-4 所示。

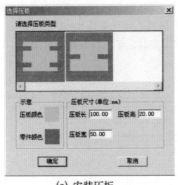 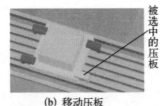

被选中的压板

(a) 安装压板　　　(b) 移动压板

图 4-5-4　移动零件

对话框中列出各种安装方案，拉动滚动条，可以浏览全部可能方案，选择所需要的安装方案。在"压板尺寸"中可更改压板长、高、宽。范围：长 30 ~ 100；高 10 ~ 20；宽 10 ~ 50。按下"确定"以后，压板将出现在台面上。

（2）移动压板

打开菜单"零件 / 移动压板"，系统弹出小键盘。操作者可以根据需要平移压板，（但是不能旋转压板）。首先用鼠标选中需移动的压板，被选中的压板颜色变成灰色，如图 4-5-4（b）所示，然后按动小键盘中的方向按钮操纵压板移动。

（3）拆除压板

打开菜单"零件 / 拆除压板"，可拆除压板。

五、选择刀具

打开菜单"机床 / 选择刀具"，或者在工具条中选择 " 🔧 " 图标，系统弹出刀具选择对话框。

（1）按条件列出工具清单筛选的条件是直径和类型，具体操作方法如下：

① 在"所需刀具直径"输入框内输入直径，如果不把直径作为筛选条件，请输入数字"0"。

② 在"所需刀具类型"选择列表中选择刀具类型。可供选择的刀具类型有平底刀，平底带 R 刀，球头刀，钻头，镗刀等。

③ 按下"确定"，符合条件的刀具在"可选刀具"列表中显示。

（2）指定序号

在对话框的下半部中指定序号，如图 4-5-5 所示。这个序号就是刀库中的刀位号。铣床只有一个刀位。卧式加工中心允许同时选择20把刀具，立式加工中心允许同时选择24把刀具。

（3）选择需要的刀具

先用鼠标点击"已经选择刀具"列表中的刀位号，再用鼠标点击"可选刀具"列表中所需的刀具，选中的刀具对应显示在"已经选择刀具"列表中选中的刀位号所在行，按下"确定"完成刀具选择。

（4）输入刀柄参数

操作者可以按需要输入刀柄参数。参数有直径和长度两个。总长度是刀柄长度与刀具长度之和。

180

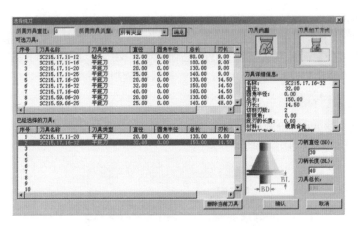

图 4-5-5　铣床和加工中心指定刀位号

（5）删除当前刀具

按"删除当前刀具"键可删除此时"已选择的刀具"列表中光标停留的刀具。

（6）确认选刀

选择完刀具，按"确认"键完成选刀。或者按"取消"键退出选刀操作。

铣床的刀具装在主轴上。立式加工中心的刀具全部在刀库中，卧式加工中心装载刀位号最小的刀具，其余刀具放在刀架上，通过程序调用。

六、视图变换的选择

在工具栏中图标 🔍 🔍 🔍 ✥ ↻ ▢ ▢ ▢ ▢ 的含义是视图变换操作，他们分别对应着主菜单"视图"下拉菜单的"复位""局部放大""动态缩放""动态平移""动态旋转""左侧视图""右侧视图""俯视图""前视图"等命令，对机床工作区进行视图变化操作。

视图命令也可通过将鼠标置于机床显示工作区域内，点击鼠标右键，在弹出的浮动菜单里来进行相应的选择。操作时将鼠标移至机床显示区，拖动鼠标，即可进行相应操作。

七、控制面板切换

在"视图"菜单或浮动菜单中选择"控制面板切换"，或在工具条中点击" ↹ "，即完成控制面板切换。

(a) 车床

(b) 铣床

图 4-5-6　控制面板切换

选择"控制面板切换"时，系统根据机床选择，显示了 FANUC0i 完整数控加工仿真界面，可完成机床回零、JOG 手动控制、MDI 操作、编程操作、参数输入和仿真加工等各种基本操作。

在未选择"控制面板切换"时，面板状态如图 4-5-6 所示，屏幕显示为机床仿真加工工作区，通过菜单或图标可完成零件安装、选择刀具、视图切换等操作。

八、"选项"对话框

在"视图"菜单或浮动菜单中选择"选项" 或在工具条中选择" 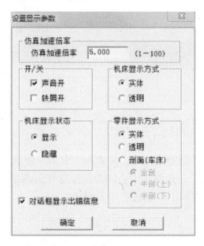 "，在对话框中进行设置。如图 4-5-7 所示，包括 6 个选项。

图 4-5-7 "选项"对话框

① 仿真加速倍率。设置的速度值是用以调节仿真速度，有效数值范围从 1 到 100;

② 开 / 关。设置仿真加工时的视听效果;

③ 机床显示方式。用于设置机床的显示，其中透明显示方式可方便观察内部加工状态;

④ 机床显示状态。用于仅显示加工零件或显示机床全部的设置;

⑤ 零件显示方式。用于对零件显示方式的设置，有 3 种方式;

⑥ 如果选中"对话框显示出错信息"，出错信息提示将出现在对话框中;否则，出错信息将出现在屏幕的右下角。

九、FANUC 0i 数控系统仿真面板操作

宇龙数控加工仿真系统的数控机床操作面板由 LCD/MDI 面板和机床操作面板两部分组成，如图 4-5-8 所示。这里，我们选择 FANUC 0i 机床系统来说明本数控加工仿真系统的操作，以后没有指明什么系统，都是指 FANUC 0i 机床系统，不再说明。

LCD/MDI 面板为模拟 7.2 英寸 LCD 显示器和一个 MDI 键盘构成（上半部分），用于显示和编辑机床控制器内部的各类参数和数控程序;机床操作面板（下半部分）则由若干操作按钮组成，用于直接对仿真机床系统进行激活、回零、控制操作和状态设定等。

图 4-5-8　FANUC 0i 标准铣床系统面板

十、机床准备

机床准备是指进入数控加工仿真系统后，针对机床操作面板，释放急停、启动机床驱动和各轴回零的过程。进入本仿真加工系统后，就如同面对实际机床，准备开机的状态。

（1）激活机床

检查急停按钮是否松开至 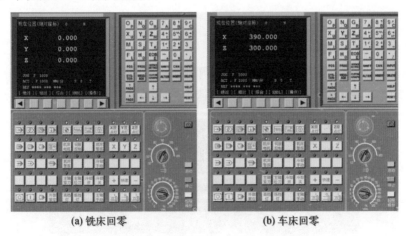 状态，若未松开，点击急停按钮 ，将其松开。按下操作面板上的"启动"按钮，加载驱动，当"机床电机"和"伺服控制"指示灯亮，表示机床已被激活。

（2）机床回参考点

在回零指示状态下（回零模式），选择操作面板上的 X 轴，点击"+"按钮，此时 X 轴将回零，当回到机床参考点时，相应操作面板上"X 原点灯"的指示灯亮，同时 LCD 上的 X 坐标变为"0.000"，如图 4-5-9（a）所示。

(a) 铣床回零　　　　　(b) 车床回零

图 4-5-9　仿真铣床、车床回零状态

依次用鼠标右键点击 Y、Z 轴，再分别点击"+"按钮，可以将 Y 和 Z 轴也回零，回零结束时 LCD 显示的坐标值（（X，Y，Z）：0.000，0.000，0.000）和操作面板上的指示灯亮为回零状态，机床运动部件(铣床主轴、车床刀架)为返回到机床参考点，故称为回零，如图 4-5-9（a）所示。

车床只有 X、Y 轴，LCD 对两轴的显示为（XZ：390，300），其回零状态如图 4-5-9（b）所示。

十一、对刀

数控程序一般按工件坐标系编程，对刀的过程就是建立工件加工坐标系与机床坐标系之间关系的过程。下面我们具体说明铣床（立式加工中心）对刀和车床对刀的基本方法。

需要指出，以下对刀过程说明时，对于铣床及加工中心，将工件上表面左下角（或工件上表面中心）设为工件坐标系原点，对于车床工件坐标系设在工件右端面中心。

X、Y 轴对刀：

一般铣床及加工中心在 X、Y 方向对刀时使用的基准工具包括刚性芯棒和寻边器两种。点击菜单"机床 / 基准工具…"，在弹出的基准工具对话框中，左边的是刚性芯棒基准工具，右边的是寻边器。如图 4-5-10 所示。

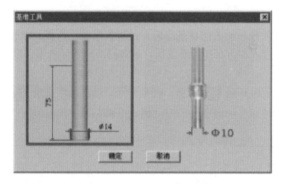

图 4-5-10　铣床对刀基准工具

1. 刚性芯棒对刀

刚性芯棒采用检查塞尺松紧的方式对刀，同时，我们将基准工具放置在零件的左侧（正面视图）对刀方式，如图 4-5-11。

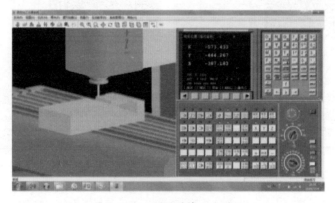

图 4-5-11　刚性芯棒 X 向对刀

（1）X 轴方向对刀

点击机床操作面板中手动操作按钮 ▦，将机床切换到 JOG 状态，进入"手动"方式。首先，选择工件毛坯尺寸 $120 \times 120 \times 30$ mm 为例，平口钳装夹，然后打开菜单"机床 / 基准工具"，选择刚性芯棒，按"确定"按钮，为主轴装上基准芯棒，点击 MDI 键盘上的 POS，使 LCD 界面上显示坐标值。然后，利用操作面板上的选择轴按钮 X Y Z，单击选择 X 轴，再通过轴移动键 ＋ 快速 －，采用点动方式移动机床，将装有基准工具的机床主轴在 X 方向上移动到工件左侧，借助"视图"菜单中的动态旋转、动态放缩、动态平移等工具，调整工作区大小到图 4-5-11 所示的大致位置。

接着，取正向视图，点击菜单"塞尺检查 /1 mm"，安装塞尺如图 4-5-12 所示。

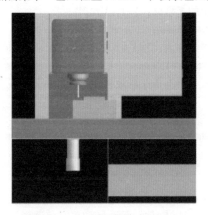

图 4-5-12　刚性芯棒塞尺对刀

点击机床操作面板上 ⊡ 手动脉冲键，切换到手轮方式，点击操作面板右下角的"H"拉出手轮，选中 X 轴，调整手轮倍率。按鼠标右键为主轴向 X 轴"－"方向运动，按鼠标左键为主轴向 X 轴"＋"方向运动，如此移动芯棒，使得提示信息对话框显示"塞尺检查的结果：合适"，如图 4-5-13 所示。

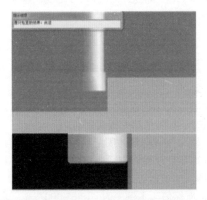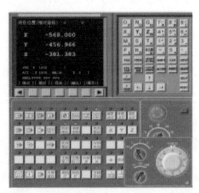

图 4-5-13　X 方向对刀合适

记下塞尺检查结果为"合适"时 LCD 界面中显示的 X 坐标值（本例中为"-568.000"），此为基准工具中心的 X 坐标，记为 X_1；将基准工件直径记为 X_2（可在选择基准工具时读出），

将塞尺厚度记为 X_3，将定义毛坯数据时设定的零件的长度记为 X_4，则：

工件上表面左下角的 X 向坐标为：基准工具中心的 X 坐标 + 基准工具半径 + 塞尺厚度，即：$X=X_1+X_2/2+X_3$；

本例中：$X=-568+7+1=-560$ mm；（左下角）

如果以工件上表面中心为工件坐标系原点，其 X 向坐标则为：基准工具中心的 X 的坐标 + 基准工具半径 + 塞尺厚度 + 零件长度的一半。即：

$X=X_1+X_2/2+X_3+X_4/2$；

本例中：$X=-568+7+1+60=-500$ mm；（中心原点）

（2）Y 轴方向对刀

在不改变 Z 向坐标的情况下，我们将刚性芯棒在 JOG 手动方式下移动到零件的前侧，同理可得到工件上表面左下角的 Y 坐标：$Y=Y_1+Y_2/2+Y_3$；

本例中：$Y=-483+7+1=-475$ mm；（左下角）

或工件上表面中心的 Y 坐标为：$Y=Y_1+Y_2/2+Y_3+Y_4/2$；

本例中：$Y=-483+7+1+60=-415$ mm；（中心原点）

需要指出的是，如果我们将基准工具放置在零件的右侧以及后侧对刀时，则以上公式中的"+"同时必须改为"–"，如此才能得到同样正确的结果。

完成 X、Y 方向对刀后，点击菜单"塞尺检查 / 收回塞尺"将塞尺收回；点击操作面板手动操作按钮，机床切换到 JOG 手动方式，选择 Z 轴，将主轴提起，再点击菜单"机床 / 拆除工具"拆除基准工具，装上铣削刀具，准备 Z 向对刀。

2. 寻边器对刀

寻边器有固定端和测量端两部分组成。固定端由刀具夹头夹持在机床主轴上，中心线与主轴轴线重合。在测量时，主轴以 400rpm 左右旋转。

通过手动方式，使寻边器向工件基准面移动靠近，让测量端接触基准面。在测量端未接触工件时，固定端与测量端的中心线不重合，两者呈偏心状态。当测量端与工件接触后，偏心距减小，这时使用点动方式或手轮方式微调进给，寻边器继续向工件移动，偏心距逐渐减小。当测量端和固定端的中心线重合时，如果继续微量（1 μm 就足够）进给，那么在原进给的垂直方向上，测量端瞬间会有明显的偏出，出现明显的偏心状态，表示对刀完成，这就是偏心寻边器对刀的原理。而那个固定端和测量端重合的位置（主轴中心位置）就是它距离工件基准面的距离，等于测量端的半径。

（1）X 轴方向对刀

与刚性芯棒对刀时一样，我们仍然选用 $120 \times 120 \times 30$ mm 的工件毛坯尺寸，装夹方法也一样，就是在主轴上装的基准工具换成偏心寻边器而已。

具体操作方法也类似，先让装有寻边器的主轴靠近工件左侧，区别是在碰到工件前使主轴转动起来，正反转均可，寻边器未与工件接触时，其测量端大幅度晃动。

接触后晃动缩小，然后手轮方式移动机床主轴，使寻边器的固定端和测量端逐渐接近并重合，如图 4-5-14 所示，若此时再进行 X 方向的增量或手轮方式的小幅度进给时，寻边器的测量端突然大幅度偏移，如图 4-5-15 所示。即认为此时寻边器与工件恰好吻合。

记下寻边器与工件恰好吻合时 LCD 界面中 X 坐标值（本例中为"-565.000"），此为基准工具中心的 X 坐标，记为 X_1；将基准工件直径记为 X_2（在选择基准工具时读出），将定义毛坯数据时设定的零件长度记为 X_3，则：

工件上表面左下角的 X 向坐标为：基准工具中心的 X 坐标 + 基准工具半径，即：

$X=X_1+X_2/2$；

本例中：$X=-565+5=-560$ mm；（左下角）

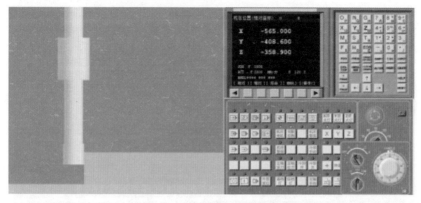

图 4-5-14　寻边器 X 方向对刀

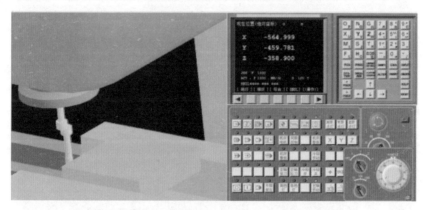

图 4-5-15　X 方向继续微量进给突然 Y 向大幅度偏移

如果以工件上表面中心为工件坐标系原点，其 X 向坐标则为：基准工具中心的 X 的坐标 + 基准工具半径 + 零件长度的一半。即：$X=X_1+X_2/2+X_3/2$；

本例中：$X=-565+5+60=-500$ mm；（中心原点）

（2）Y 轴方向对刀

在不改变 Z 向坐标和主轴旋转的情况下，我们将主轴在 JOG 手动方式下移动到零件的前侧，并使寻边器的固定端和测量端重合、偏心，如图 4-5-16、图 4-5-17 所示。

同理可得到工件上表面左下角的 Y 坐标：

$Y=Y_1+Y_2/2$；

本例中：$Y=-480+5=-475$ mm；（左下角）

或工件上表面中心的 Y 坐标为：

$Y=Y_1+Y_2/2+Y_3/2$；

本例中：$Y=-480+5+60=-415$ mm；（中心原点）

显然，用寻边器对刀，获得的 X/Y 工件原点坐标值与刚性芯棒对刀的结果是完全一样的。

另外，在计算坐标值时，我们还是要注意，如果我们将基准工具放置在零件的右侧以及后侧对刀时，则以上公式中的"+"仍然同时必须改为"－"，如此才能不出问题。

同样，完成 X，Y 方向对刀后，点击操作面板手动操作按钮，机床切换到 JOG 手动方式，选择 Z 轴，将主轴提起，再点击菜单"机床/拆除工具"拆除基准工具，装上铣削刀具，准备 Z 向对刀。

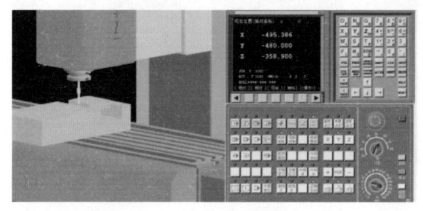

图 4-5-16　寻边器 Y 方向对刀

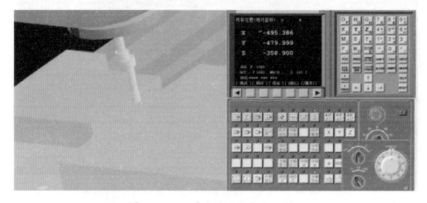

图 4-5-17　寻边器 Y 方向对刀偏心

3. Z 轴对刀

铣床对 Z 轴对刀时采用的是实际加工时所要使用的刀具。

点击菜单"机床/选择刀具"或点击工具条上的小图标 ♛♛ ，选择所需刀具。在操作面板中点击手动键，将机床切换到 JOG 手动方式；为主轴装上实际加工刀具，点击 MDI 键盘上的 POS ，使 LCD 界面上显示坐标值。

同样，在操作面板上的选择轴按钮 X Y Z ，单击选择 Z 轴，再通过轴移动键 + 快速 — ，采用点动方式移动机床，将装有刀具的机床主轴在 Z 方向上移动到工件上表面的大致位置。

类似在 X、Y 方向对刀的方法进行塞尺检查，得到"塞尺检查：合适"时 Z 的坐标值，记为 Z_1，如图 4-5-18 所示。则相应刀具在工件上表面中心的 Z 坐标值为：Z_1，塞尺厚度。

本例中，选择 ϕ8 mm 的平底铣刀，塞尺检查合适时的 Z 坐标值为 -347.000，所以，刀具在工件上平面的坐标值为 -348.000（此数据与工件的装夹位置有关）。

当工件的上表面不能作为基准或切削余量不一致时，可以采用试切法对刀。

点击菜单"机床 / 选择刀具"或点击工具条上的小图标 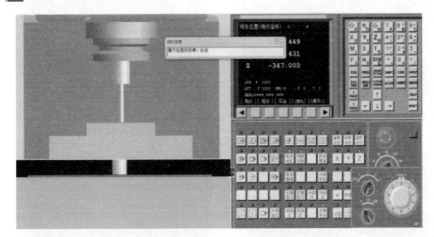，选择所需刀具。在操作面板中点击手动键，为主轴装上实际加工刀具，将机床切换到 JOG 手动方式，点击 MDI 键盘上的 POS ，使 LCD 界面上显示坐标值。

图 4-5-18　铣床的 Z 向塞尺对刀

同样，在操作面板上的选择轴按钮 X Y Z ，单击选择 Z 轴，再通过轴移动键 + 快速 − ，采用点动方式移动机床，将装有刀具的机床主轴在 Z 方向上移动到工件上表面的大致位置。

打开菜单"视图 / 选项…"中"声音开"和"铁屑开"选项。点击操作面板上的主轴正转键，使主轴转动；点击操作面板上的"−"按钮，切削零件，当切削的声音刚响起时停止，使铣刀将零件切削小部分，记下此时 Z 的坐标值，记为 Z，即为工件表面某点处 Z 的坐标值，将来直接作为工件坐标系原点 Z 方向的零值点。

4. 设置工件加工坐标系

通过对刀得到的坐标值（X，Y，Z）即为工件坐标系原点在机床坐标系中的坐标值。要将此点作为工件坐标系原点，还需要一步工作，即采用坐标偏移指令 G92 或 G54 ～ G59 来认可。

（1）G92 设定时

必须将刀具移动到与工件坐标系原点有确定位置关系（假设在 XYZ 轴上的距离分别为 α、β、γ）的点，那么，该点的在机床坐标系中坐标值是（X+α、Y+β、Z+γ），然后通过程序执行 G92 XαYβZγ，而得到 CNC 的认可。

（2）G54 设定时

只要将对刀数据（X，Y，Z）送入相应的参数中即可。这里以对刀获得的数据来说明设置的过程。我们以工件上表面左下角作为工件坐标系原点，并设入 G54 工件坐标系。

在上例中，以工件上表面左下角为工件原点的对刀数据分别为（−560.000，−475.000，−348.000），假设我们设置到默认的 G54 偏移中，设置的过程如下：

点击 ，系统转到 MDI 状态，点击 OFFSET SETTING 进入参数设置画面，如图 4-5-19 所示，点击"坐标系"软键，按 MDI 面板上的 →光标键，键入：−560.000，点击 MDI 面板的 INPUT 键，同理，输入 Y、Z 的坐标 −475.000 和 −348.000，设置完毕后，系统就已经转换到默认的 G54 工件坐标系显示了，如图 4-5-20、4-5-21、4-5-22 所示。

图 4-5-19　参数设置画面

图 4-5-20　工件坐标系设置画面

图 4-5-21　G54 工件坐标系设定

图 4-5-22　当前刀具在 G54 坐标系下的坐标值

 技能提升

如图 4-5-23 所示零件，毛坯尺寸为 $90 \times 90 \times 30$ mm，要求分析零件的加工工艺，编写零件的数控加工程序，并应用仿真软件进行仿真加工。

1. 加工方案分析

（1）零件图分析

如图 4-5-23 所示零件，可采用一次装夹完成零件的轮廓加工到最终尺寸，加工过程中利用数控系统的刀具半径补偿功能。

（2）确定装夹方案

该零件结构简单，适宜选用虎钳装夹。

（3）刀具与切削用量的选择

用 $\phi 10$ 的钻头钻孔，采用 G83 钻削固定循环，主轴转速 600 r/min，进给速度 50 mm/min；型腔采用 $\phi 10$ 立铣刀进行加工，主轴转速 3 000 r/min，进给速度 100 r/min，背吃刀量 5 mm。

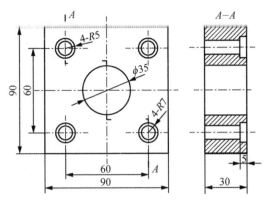

图 4-5-23　零件图

（4）加工工艺的确定

该零件主要包括由的 $\phi 35$ 的型腔、4 个台阶孔等特征。先用 $\phi 10$ 钻头钻 4 个 $\phi 40$ 的通孔，并在中心位置也钻出一个 $\phi 40$ 的通孔。然后用 $\phi 10$ 立铣刀铣型腔。

（5）刀具选用

零件数控加工刀具卡见表 4-5-1 所示。

表 4-5-1　型腔零件数控加工刀具卡

零件名称		型腔零件		零件图号		
序号	刀具号	刀具名称	数量	加工表面	刀具半径 mm	备注
1	T01	$\phi 10$ 钻头	1	钻 $\phi 10$ 孔		自动
2	T01	$\phi 10$ 立铣刀	1	铣型腔轮廓	5	自动

2. 编制加工程序

如表 4-5-2 所示。

表 4-5-2　型腔零件数控加工程序

零件号		零件名称	阶梯轴	编程原点	右端面中心
程序号		数控系统	FANUC	编制	
程序段号	程序内容			程序说明	
	O5331；			主程序号	
N10	G21 G90 G98 G49 G54；				
N20	M06 T01；			换 01 号刀具（$\phi 10$ 钻头）	
	M08；			切削液开	
N30	M03 S600；			主轴正转，转速为 600r/min	

续表

N40	G00 X0 Y0;	快速定位至（0，0）
N50	Z30;	刀具快速定位至 Z30
N60	G99 G83 Z-33.0 R5.0 F50;	用 G83 指令钻 φ10 孔（0，0）
N70	X-30 Y30;	用 G83 指令钻 φ10 孔（-30，30）
N80	Y-30;	用 G83 指令钻 φ10 孔（-30，-30）
N85	X30 ;	用 G83 指令钻 φ10 孔（30，-30）
N90	Y30;	用 G83 指令钻 φ10 孔（30，30）
N95	G80;	
N100	G00 Z100;	
N105	M06 T02;	换 02 号刀具（φ10 立铣刀）
N110	M03 S3000;	主轴正转，转速为 2000r/min
N120	G00 X0 Y0;	快速定位至（0，0）
N130	Z20;	
N140	Z5;	
N150	#1 = -5.0;	铣削深度值，用 #1 表示
N160	G01 Z[#1] F100;	
N170	G10 L12 P1 R25;	
N180	G41 G01 X17.5 D01;	
N190	G03 I-17.5;	
N200	G40 G01 X0;	
N210	G10 L12 P1 R18;	
N220	G41 G01 X17.5 D01;	
N230	G03 I-17.5;	
N240	G40 G01 X0;	
N250	G10 L12 P1 R10;	
N260	G41 G01 X17.5 D01;	
N270	G03 I-17.5;	
N280	G40 G01 X0;	

续表

N290	G10 L12 P1 R5 ;	
N300	G41 G01 X17.5 D01;	
N310	G03 I-17.5 ;	
N320	G40 G01 X0 ;	
N330	G00 Z5;	
N340	#1 = #1 - 5 ;	
N350	IF [#1 GE -30] GOTO 160 ;	
N360	G00 Z100 ;	
N370	G00 X-30 Y30;	快速定位至（0，0）
N380	Z20;	
N390	Z5.0;	
N400	G01 Z-5.0 F100 ;	铣左上角台阶孔
N410	G10 L12 P1 R5 ;	
N420	G41 G01 X-23 D01;	
N430	G03 I-7.0 ;	
N440	G40 G01 X-30 ;	
N450	G00 Z5.0;	
N460	G68 X0 Y0 R90 ;	用 G68 旋转指令铣左下角台阶孔
N470	G00 X-30 Y30;	
N480	Z20;	
N490	Z5.0;	
N500	G01 Z-5.0 F100 ;	
N510	G10 L12 P1 R5 ;	
N520	G41 G01 X-23 D01;	
N530	G03 I-7.0 ;	
N540	G40 G01 X-30 ;	
N550	G00 Z5.0;	
N560	G69 ;	

续表

N570	G68 X0 Y0 R180 ;	用 G68 旋转指令铣右下角台阶孔
N580	G00 X−30 Y30;	
N590	Z20;	
N600	Z5.0;	
N610	G01 Z−5.0 F100 ;	
N620	G10 L12 P1 R5 ;	
N630	G41 G01 X−23 D01;	
N640	G03 I−7.0 ;	
N650	G40 G01 X−30 ;	
N660	G00 Z5.0;	
N670	G69 ;	
N680	G68 X0 Y0 R270 ;	用 G68 旋转指令铣右上角下角台阶孔
N690	G00 X−30 Y30;	
N700	Z20;	
N710	Z5.0;	
N720	G01 Z−5.0 F100 ;	
N730	G10 L12 P1 R5 ;	
N740	G41 G01 X−23 D01;	
N750	G03 I−7.0 ;	
N760	G40 G01 X−30 ;	
N770	G00 Z5.0;	
N780	G69 ;	
N790	G00 Z100;	
N800	M30;	程序结束

3. 仿真加工

（1）启动软件

软件启动前需保证在计算机内正确安装，且加密锁和计算机正确连接。鼠标左键点击"开始"按钮，找到"程序"文件夹中弹出的"数控加工仿真系统"应用程序文件夹，在接着弹出的下级子目录中，点击"加密锁管理程序"，如图 4-5-24（a）所示。

加密锁程序启动后，屏幕右下方工具栏中出现的图表，此时重复上面的步骤，在二级子目录中点击数控加工仿真系统，如图 4-5-24（b）所示，系统弹出"用户登录"界面，如图 4-5-24（c）所示。

点击"快速登录"按钮或输入用户名和密码，再点击"登录"按钮，即可进入数控加工仿真系统。

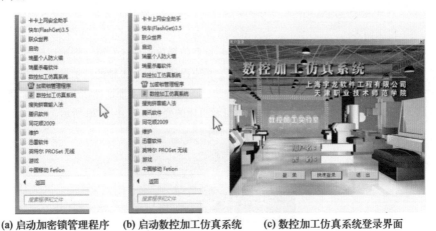

(a) 启动加密锁管理程序　(b) 启动数控加工仿真系统　(c) 数控加工仿真系统登录界面

图 4-5-24　启动宇龙数控加工仿真系统 3.7 版

（2）选择机床

打开菜单"机床/选择机床…"，或单击机床图标菜单，如图 4-5-25（a）鼠标箭头所示，单击弹出"选择机床"对话框，界面如图 4-5-25（b）所示。选择数控系统 FANUC0i 和相应的机床，这里假设选择铣床，通常选择标准类型，按确定按钮，系统即可切换到铣床仿真加工界面，如图 4-5-26 所示。

(a) 选择机床菜单

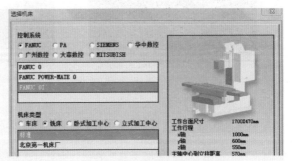

(b) 选择机床及数控系统界面

图 4-5-25　选择机床及系统操作

195

图 4-5-26　宇龙数控加工仿真系统 3.7 版 FANUC 0i 铣床仿真加工系统界面

（3）机床回零

如图 4-5-27 所示，在操作面板的 MODE 旋钮位置单击鼠标左键，将旋钮拨到 REF 档，再单击  加工按钮，此时 X 轴将回零，相应操作面板上 X 轴的指示灯亮，同时 CRT 上的 X 坐标发生变化，依次用鼠标右键单击旋钮，再用左键单击加工按钮，可以将 Y 轴和 Z 轴同时回零，此时 CRT 和操作面板上的指示灯及机床的变化如图 4-5-28 所示。

图 4-5-27　操作面板上的 MODE 旋钮

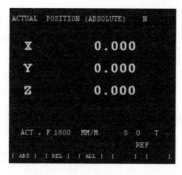
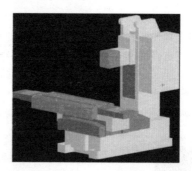

图 4-5-28　CRT 界面和铣床位置

（4）加工准备

① 单击菜单按钮"零件/定义毛坯..."，在定义毛坯对话框（图 4-5-29）中将零件尺寸改为高 14 mm、长和宽 240 mm，并按"确定"按钮。

② 单击菜单按钮"零件/安装夹具"，在选择夹具对话框（图 4-5-30）中选择零件栏选取"毛坯 1"项，选择夹具栏选取"工艺板"项，夹具尺寸用缺省值，并按"确定"按钮。

③ 单击菜单按钮"零件/放置位置..."，在选择零件对话框（图 4-5-31）中，选取名称为"毛坯 1"的零件，并按"确定"按钮，界面上出现控制零件移动的面板，可以用其移动零件，

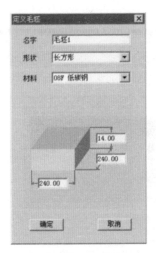

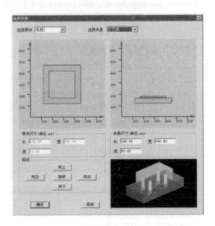

图 4-5-29　"定义毛坯"对话框　　　　　图 4-5-30　"选择夹具"对话框

此时单击面板上的"退出按钮",关闭面板,基础如图 4-5-32 所示,零件已放置在机床工作台面上。

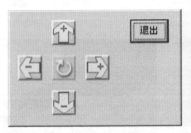

图 4-5-31　选择零件对话框

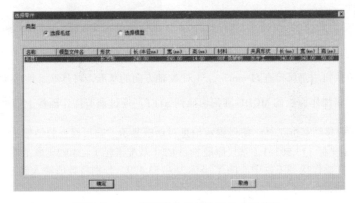

图 4-5-32　移动零件面板及机床上的零件

④ 单击菜单按钮"零件 / 安装压板",在选择压板对话框中单击左边的图案,选取安装四块压板,压板尺寸用缺省值。单击"确定"按钮,此时机床台面上的零件已安装好压板,如图 4-5-33 所示。

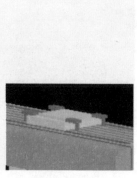

图 4-5-33 "选择压板"对话框及安装压板后的零件

（5）对基准、安装刀具

单击菜单按钮"机床 / 基准工具 ... "，在基准工具对话框中选取左边的刚性圆柱基准工具，其直径为 14 mm（图 4-5-34）。将操作面板中 MODE 旋钮切换到 JOG，单击 MDI 键盘的 POS 按钮，利用操作面板上的按钮 和 X、Y、Z 轴的控制旋钮 ，将机床移动到图 4-5-35 所示的大致位置。

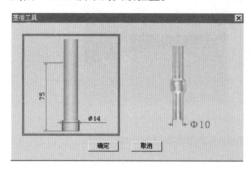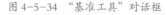

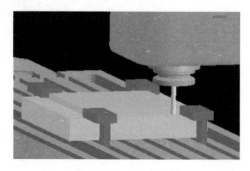

图 4-5-34 "基准工具"对话框　　　　图 4-5-35 机床位置

单击菜单按钮"塞尺检查 /1 mm"，先对 X 轴方向的基准，将基准工具移动到图 4-5-36 所示的位置，将操作面板的 MODE 旋钮切换到 STEP，通过调节操作面板上的倍率旋钮 和 按钮移动基准工具，使得提示信息对话框显示"塞尺检查的结果：合适"，记下此时 CRT 的 X 坐标 113.503-1（塞尺厚度）-14/2（基准半径）-240/2（取工件中心为原点）=-14.497，同样操作得到工件中心的 Y 坐标为 -153.429。分别将数值输入到 G54 中的 X、Y 坐标中，然后测量。

X、Y 方向基准对好后，单击菜单按钮"塞尺检查 / 收回塞尺"收回塞尺，抬高并单击"机床 / 拆除基准工具"，单击"机床 / 选择刀具"按钮，选择一把直径为 8 mm 的平底刀，如图 4-5-37 所示。装好刀具后，用类似方法得到工件上表面的 Z 坐标为 -404.000。

（6）输入 NC 程序

数控程序可以通过记事本或写字板等编辑软件输入并保存为文本格式文件，也可直接用 FANUC 系统的 MDI 键盘输入。打开 NC 程序文件"O5331. nc"。单击菜单按钮"机床 /DNC

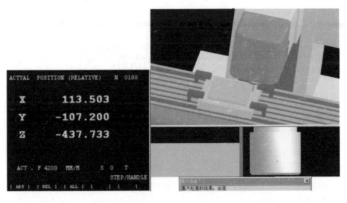

图 4-5-36　对基准

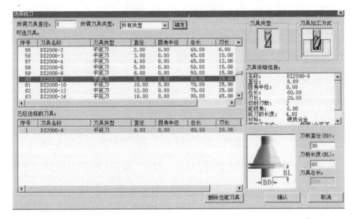

图 4-5-37　选刀具

传送 ... ", 打开文件对话框选取文件, 单击 "打开" 按钮。

（7）自动加工

首先手动方式移动刀具到工件中心上方 100 mm 的位置, 即机床坐标（-14.497, -153.429, -304.000）, 此时将操作面板的 MODE 旋钮切换到 AUTO（图 4-5-38）, 单击 "START" 按钮, 机床就开始自动加工, 加工完毕后的结果如图 4-5-39 所示。

图 4-5-38　切换 MODE 旋钮

图 4-5-39　加工结果

参考文献

［1］陶维利.数控铣削编程与加工［M］.北京：机械工业出版社，2010

［2］吕宜忠.数控编程［M］.北京：北京理工大学出版社，2012

［3］周虹.数控编程及仿真实训［M］.北京：人民邮电出版社，2012

［4］刘立，丁辉.数控编程（第二版）［M］.北京：北京理工大学出版社，2012

［5］李桂云.数控编程及加工技术［M］.大连：大连理工大学出版社，2014

［6］江道银.数控加工编程与操作［M］.上海：上海交通大学出版社，2015

［7］包枫.数控加工编程实用教程［M］.北京：北京交通大学出版社，2011

［8］陈华.零件数控铣削加工［M］.北京：北京理工大学出版社，2010

［9］尹明.数控编程及加工实践［M］.北京：清华大学出版社，2013

［10］姬海瑞.数控编程与操作技能实训教程［M］.北京：清华大学出版社，2010

［11］李银海，戴素江.机械零件数控车削加工［M］.北京：科学出版社，2008

［12］曹井新.数控加工编程与操作［M］.北京：电子工业出版社，2009

［13］沈建峰.数控铣工加工中心操作工（高级）［M］.北京：机械工业出版社，2009

［14］郭铁良.模具制造工艺学［M］.北京：高等教育出版社，2018

［15］赵青.数控编程［M］.北京：人民邮电出版社，2011

［16］郁志纯.数控编程与加工一体化教程［M］.北京：清华大学出版社，2009

［17］明兴祖，熊显文.数控加工技术［M］.北京：化学工业出版社，2009

［18］顾京.数控机床加工程序编制［M］.北京：机械工业出版社，2010

［19］上海宇龙软件工程有限公司数控教材编写组.数控技术应用教程 数控车床［M］.北京：电子工业出版社，2008

［20］周忠宝，樊昱.数控加工编程与操作项目化教程［M］.北京：中国商务出版社，2014

［21］夏长富，李国诚.数控车床编程与操作［M］.北京：北京邮电大学出版社，2016

［22］汤振宁，关颖.数控铣床编程与操作项目教程［M］.青岛：中国石油大学出版社，2017

［23］金璐玫，孙伟.数控加工工艺与编程［M］.上海：上海交通大学出版社，2018

［24］陈华.数控编程［M］.北京：北京邮电大学出版社，2019